·林木种质资源技术规范丛书·
丛书主编：郑勇奇 林富荣

(2-9)

无患子种质资源
描述规范和数据标准

DESCRIPTORS AND DATA STANDARDS FOR SOAPBERRY GERMPLASM RESOURCES

(SAPINDUS MUKOROSSI GAERTN.)

邵文豪 姜景民 林富荣 / 主编

中国林业出版社
China Forestry Publishing House

图书在版编目(CIP)数据

无患子种质资源描述规范和数据标准/邵文豪,姜景民,林富荣主编.—北京:中国林业出版社,2023.11
ISBN 978-7-5219-2432-9

Ⅰ.①无… Ⅱ.①邵… ②姜… ③林… Ⅲ.①无患子科-种质资源-描写-规范 ②无患子科-种质资源-数据-标准 Ⅳ.①Q949.755.5

中国国家版本馆CIP数据核字(2023)第223588号

责任编辑：张　华
封面设计：刘临川

出版发行	中国林业出版社(100009,北京市西城区刘海胡同7号,电话83143566)
电子邮箱	cfphzbs@163.com
网　　址	www.forestry.gov.cn/lycb.html
印　　刷	北京中科印刷有限公司
版　　次	2023年11月第1版
印　　次	2023年11月第1次印刷
开　　本	787mm×1092mm　1/16
印　　张	6
字　　数	120千字
定　　价	39.00元

林木种质资源技术规范丛书编辑委员会

主　编　郑勇奇　林富荣
副主编　李　斌　郭文英　宗亦臣　黄　平
编　委（以姓氏笔画为序）

王　雁　　王军辉　　乌云塔娜　尹光天　　兰士波
邢世岩　　吐拉克孜　刘　军　　刘　儒　　江香梅
李　昆　　李　斌　　李文英　　杨锦昌　　张冬梅
邵文豪　　林富荣　　罗建中　　罗建勋　　郑　健
郑勇奇　　宗亦臣　　施士争　　姜景民　　夏合新
郭文英　　郭起荣　　黄　平　　程诗明　　童再康

总审校　李文英

《无患子种质资源描述规范和数据标准》编者

主　编	邵文豪	姜景民	林富荣	
副主编	李永祥	郑勇奇	黄世清	林韧安
执笔人	邵文豪	李永祥	姜景民	林富荣
	郑勇奇	黄世清	程亚平	方宏峰
	张永志	王　斌	郑成忠	唐　旭
	林韧安	孙　昆	周浩宇	吴绍发
审稿人	李文英	宗亦臣		

林木种质资源技术规范丛书

前 言 PREFACE

林木种质资源是林木育种的物质基础，是林业可持续发展和维护生物多样性的重要保障，是国家重要的战略资源。中国林木种质资源种类多、数量大，在国际上占有重要地位，是世界上树种和林木种质资源最丰富的国家之一。

我国的林木种质资源收集保存与资源数字化工作始于20世纪80年代，至2018年年底，国家林木种质资源平台已累计完成9万余份林木种质资源的整理和共性描述。与我国林木种质资源的丰富程度相比，林木种质资源相关技术规范依然缺乏，尤其是特征特性描述规范严重滞后，远不能满足我国林木种质资源规范描述和有效管理的需求。林木种质资源的特征特性描述为育种者和资源使用者广泛关注，对林木遗传改良和良种生产具有重要作用。因此，开展林木种质资源技术规范丛书的编撰工作十分必要。

林木种质资源技术规范的制定是我国林木种质资源工作标准化、数字化、信息化以及林木种质资源高效管理的基础，也是林木种质资源研究和利用的迫切需要。其主要作用：①规范林木种质资源的收集、整理、保存、鉴定、评价和利用；②评价林木种质资源的遗传多样性和丰富度；③提高林木种质资源整合的效率，实现林木种质资源的共享和高效利用。

林木种质资源技术规范丛书是我国首次对林木种质资源相关工

作和重点林木种质资源的描述进行规范，旨在为林木种质资源的调查、收集、编目、整理和保存等工作提供技术依据。

林木种质资源技术规范丛书的编撰出版，是国家林木种质资源平台的重要任务之一，受到科技部平台中心、国家林业和草原局等主管部门指导，并得到中国林业科学研究院和平台参加单位的大力支持，在此谨致诚挚的谢意。

由于本书涉及范围较广，难免有疏漏之处，恳请读者批评指正。

丛书编辑委员会
2019 年 5 月

前言 PREFACE

无患子（*Sapindus mukorossi* Gaertn.），又称木患子、油患子、油罗树等，是无患子科（Sapindaceae）无患子属（*Sapindus* L.）落叶乔木树种，主要分布于我国秦岭淮河以南的亚热带、热带地区，周边地区包括印度、尼泊尔、巴基斯坦等境内的喜马拉雅山区，自缅甸、泰国至越南的中南半岛地区，以及日本的本州、四国、九州和西北太平洋的琉球群岛等地也有分布记录。近年来，无患子在我国陕西关中地区、河南沿黄地区、山东胶东半岛城镇园林绿化中均有应用，甚至北京地区背风向阳小环境都有引种，且可开花结实。

无患子果皮皂苷含量约10%，是重要的天然洗护原料树种，印度等国已形成收购干果销往西方国家的商业模式。近年来，我国无患子皂苷深加工利用已初具规模，多地成立了皂苷提取及洗护用品生产企业，产品包括肥皂、沐浴液、洗发液、护肤品和洗洁精等。无患子种仁含油率可达40%以上，不饱和脂肪酸含量高达86.6%，其中，油酸含量55.7%，碳链长度$C_{16} \sim C_{20}$的脂肪酸占98.2%，综合理化特性满足生物质油脂关键指标，是生产生物柴油原料油的优良能源树种。此外，无患子树姿优美，夏花繁多，秋叶金黄，是江南地区重要的园林绿化乡土树种。

据不完全统计，我国现有无患子栽培面积近7万hm^2，其中湖南石门、福建建宁、贵州独山、浙江天台等地栽培面积较大。基于无患子多功能利用目标，其种质资源调查收集和良种选育工作已在多地开展，浙江安吉和福建建宁建成的国家林木种质资源库为优良种质创新利用奠定了坚实的物质基础。

《无患子种质资源描述规范和数据标准》的制定是国家林草种质资源库数据整理、整合的一项重要内容。制定统一的无患子种质资源描述规范标准，有利于整合全国无患子种质资源，规范无患子种质资源的收集、整理和保存等基础性工作，创造良好的资源和信息共享环境和条件；有利于保护和利用无患子种质资源，充分挖掘其潜在的社会价值、经济价值和生态价值，促进我国无患子种质资源的有序利用和高效发展。

无患子种质资源描述规范规定了无患子种质资源的描述符及其分级标准，以便对无患子种质资源进行标准化整理和数字化表达。无患子种质资源数据标准规定了无患子种质资源各描述符的字段名称、类型、长度、小数位、代码等，以便建立统一规范的无患子种质资源数据库。无患子种质资源数据质量控制规范规定了无患子种质资源数据采集全过程中的质量控制内容和质量控制方法，以保证数据的系统性、可比性和可靠性。

《无患子种质资源描述规范和数据标准》由中国林业科学研究院亚热带林业研究所编写，并得到了全国无患子科研、教学和生产单位的大力支持。在编写过程中，参考了国内外相关文献，由于篇幅所限，书中仅列主要参考文献，在此一并致谢。

由于编者水平有限，错误和疏漏之处在所难免，敬请批评指正。

编者

2022 年 6 月 28 日

林木种质资源技术规范丛书前言

前言

一　无患子种质资源描述规范和数据标准制定的原则和方法 …………… 1

二　无患子种质资源描述简表 ……………………………………………… 3

三　无患子属种质资源描述规范 …………………………………………… 9

四　无患子种质资源数据标准 ……………………………………………… 31

五　无患子种质资源数据质量控制规范 …………………………………… 49

六　无患子种质资源数据采集表 …………………………………………… 74

七　无患子种质资源调查登记表 …………………………………………… 79

八　无患子种质资源利用情况登记表 ……………………………………… 81

参考文献 ……………………………………………………………………… 82

无患子种质资源描述规范和数据标准制定的原则和方法

1 无患子种质资源描述规范制定的原则和方法

1.1 原则

1.1.1 优先采用现有数据库中的描述符和描述标准。

1.1.2 以种质资源研究为主，兼顾生产与市场的需要。

1.1.3 立足于现有研究基础数据，考虑到将来的发展，尽量与国际接轨。

1.2 方法和要求

1.2.1 描述符类别分为6类。

  1 基本信息

  2 形态学特征和生物学特性

  3 品质特性

  4 抗逆性

  5 抗病虫性

  6 其他特征特性

1.2.2 描述符代号由描述符类别加两位顺序号组成，如"110""208""501"。

1.2.3 描述符性质分为3类。

  M 必选描述符（所有种质必须鉴定评价的描述符）

  O 可选描述符（可选择鉴定评价的描述符）

  C 条件描述符（只对特定种质进行鉴定评价的描述符）

1.2.4 描述符的代码应是有序的，如数量性状从细到粗、从低到高、从少到多、从弱到强、从差到好排列，颜色从浅到深、抗性从强到弱等。

1.2.5 每个描述符应有一个基本的定义或说明。数量性状标明单位，质量性状应有评价标准和等级划分。

1.2.6 植物学形态描述符一般附模式图。

1.2.7 重要数量性状以数值表示。

2 无患子种质资源数据标准制定的原则和方法

2.1 原则

2.1.1 数据标准中的描述符与描述规范相一致。

2.1.2 数据标准优先考虑现有数据库的数据标准。

2.2 方法和要求

2.2.1 数据标准中的代号与描述规范中的代号一致。

2.2.2 字段名最长22位。

2.2.3 字段类型分字符型(C)、数值型(N)和日期型(D)。日期型的格式为YYYYMMDD。

2.2.4 经度的类型为N，格式为DDDFFMM；纬度的类型为N，格式为DDFFMM。其中，D为度，F为分，M为秒；东经以正数表示，西经以负数表示；北纬以正数表示，南纬以负数表示。如"1213640"指的是东经121度36分40秒、"-392116"指的是南纬39度21分16秒。

3 无患子种质资源数据质量控制规范制定的原则和方法

3.1.1 采集的数据应具有系统性、可比性和可靠性。

3.1.2 数据质量控制以过程控制为主，兼顾结果控制。

3.1.3 数据质量控制方法具有可操作性。

3.1.4 鉴定评价方法以现行国家标准和行业标准为首选依据；如无国家标准和行业标准，则以国际标准或国内比较公认的先进方法为依据。

3.1.5 每个描述符的质量控制应包括样地设计，样本数或群体大小，时间或时期，取样数和取样方法，计量单位、精度和允许误差，采用的鉴定评价规范和标准，采用的仪器设备，性状的观测和等级划分方法，数据校验和数据分析。

无患子种质资源描述简表

序号	代号	描述字段	描述符性质	单位或代码
1	101	资源流水号	M	
2	102	资源编号	M	
3	103	种质名称	M	
4	104	种质外文名	O	
5	105	科中文名	M	
6	106	科拉丁名	M	
7	107	属中文名	M	
8	108	属拉丁名	M	
9	109	种名或亚种名	M	
10	110	种拉丁名	M	
11	111	原产地	M	
12	112	原产省份	M	
13	113	原产国家	M	
14	114	来源地	M	
15	115	归类编码	O	
16	116	资源类型	M	1：野生资源(群体、种源) 2：野生资源(家系) 3：野生资源(个体、基因型) 4：地方品种 5：选育品种 6：遗传材料 7：其他
17	117	主要特性	M	1：高产 2：优质 3：抗病 4：抗虫 5：抗逆 6：高效 7：其他
18	118	主要用途	M	1：材用 2：食用 3：药用 4：防护 5：观赏 6：其他

(续)

序号	代号	描述字段	描述符性质	单位或代码
19	119	气候带	M	1：热带 2：亚热带 3：温带 4：寒温带 5：寒带
20	120	生长习性	M	1：喜光 2：耐盐碱 3：喜水肥 4：耐干旱
21	121	开花结实特性	M	
22	122	特征特性	M	
23	123	具体用途	M	
24	124	观测地点	M	
25	125	繁殖方式	M	1：有性繁殖(种子繁殖) 2：有性繁殖(胎生繁殖) 3：无性繁殖(扦插繁殖) 4：无性繁殖(嫁接繁殖) 5：无性繁殖(根繁) 6：无性繁殖(分蘖繁殖)
26	126	选育(采集)单位	C	
27	127	育成年份	C	
28	128	海拔	M	m
29	129	经度	M	
30	130	纬度	M	
31	131	土壤类型	O	
32	132	生态环境	O	
33	133	年均温度	O	℃
34	134	年均降水量	O	mm
35	135	图像	M	
36	136	记录地址	O	
37	137	保存单位	M	
38	138	单位编号	M	
39	139	库编号	O	
40	140	引种号	O	
41	141	采集号	O	
42	142	保存时间	M	YYYYMMDD
43	143	保存材料类型	M	1：植株 2：种子 3：营养器官(穗条、根穗等) 4：花粉 5：培养物(组培材料) 6：其他
44	144	保存方式	M	1：原地保存 2：异地保存 3：设施(低温库) 保存
45	145	实物状态	M	1：良好 2：中等 3：较差 4：缺失

(续)

序号	代号	描述字段	描述符性质	单位或代码
46	146	共享方式	M	1：公益性 2：公益借用 3：合作研究 4：知识产权交易 5：资源纯交易 6：资源租赁 7：资源交换 8：收藏地共享 9：行政许可 10：不共享
47	147	获取途径	M	1：邮递 2：现场获取 3：网上订购 4：其他
48	148	联系方式	M	
49	149	源数据主键	O	
50	150	关联项目及编号	M	
51	201	树姿	M	1：直立 2：半张开 3：张开 4：下垂
52	202	冠形	M	1：圆形 2：半圆形 3：椭圆形 4：扁圆形 5：不规则形
53	203	树势	M	1：弱 2：中 3：强
54	204	主干颜色	O	1：灰白色 2：灰色 3：灰褐色 4：青褐色 5：黄褐色 6：褐色 7：其他
55	205	主干表皮特征	M	1：平坦 2：粗糙 3：鳞片状开裂
56	206	新梢萌发期	O	月 日
57	207	幼枝颜色	M	1：绿色 2：黄绿色 3：黄色 4：黄褐色 5：其他
58	208	幼枝被毛	M	1：无或极少 2：少 3：中等 4：多
59	209	1年生秋梢通直性	C	1：直 2：稍弯曲 3：近"之"字形弯曲
60	210	1年生秋梢颜色	O	1：灰白色 2：褐色 3：青褐色 4：灰褐色 5：黑褐色 6：黄色 7：黄绿色 8：黄褐色
61	211	1年生秋梢皮孔密度	O	1：疏 2：中 3：密
62	212	1年生秋梢长度	M	cm
63	213	1年生秋梢粗度	M	cm
64	214	1年生秋梢节间长度	O	cm
65	215	复叶类型	M	1：偶数羽状复叶 2：奇数羽状复叶
66	216	小叶排列方式	M	1：互生 2：近对生 3：对生
67	217	小叶对数	M	对
68	218	复叶主轴长度	M	cm
69	219	复叶叶柄颜色	M	1：绿色 2：红绿色 3：绿褐色 4：红褐色 5：黄绿色 6：黄色 7：其他
70	220	复叶叶柄长度	M	cm
71	221	叶面颜色	M	1：浅绿色 2：绿色 3：深绿色 4：黄绿色 5：黄色 6：其他

(续)

序号	代号	描述字段	描述符性质	单位或代码
72	222	叶面被毛	M	1：无或极少 2：少 3：中等 4：多
73	223	叶背颜色	M	1：浅绿色 2：绿色 3：深绿色 4：黄绿色 5：黄色 6：其他
74	224	叶背被毛	M	1：无或极少 2：少 3：中等 4：多
75	225	小叶形状	M	1：披针形 2：卵状披针形 3：卵圆形 4：椭圆形 5：矩圆形
76	226	叶尖形状	M	1：钝 2：钝头渐尖 3：渐尖 4：急尖
77	227	叶基形状	M	1：圆钝形 2：阔楔形 3：楔形 4：偏斜
78	228	叶缘形状	M	1：平 2：浅波状 3：波状 4：上卷
79	229	叶脉	M	1：不明显 2：明显
80	230	主脉颜色	M	1：绿色 2：红绿色 3：绿褐色 4：红褐色 5：黄绿色 6：黄色 7：其他
81	231	小叶长度	M	cm
82	232	小叶宽度	M	cm
83	233	小叶叶柄长度	M	cm
84	234	花序分化期	O	月 日
85	235	初花期	M	月 日
86	236	盛花期	M	月 日
87	237	末花期	M	月 日
88	238	花序主轴颜色	M	1：绿色 2：浅绿色 3：黄绿色 4：红褐色 5：紫褐色 6：其他
89	239	花序支轴致密度	M	1：稀疏 2：中等 3：致密
90	240	花序长度	M	cm
91	241	花序宽度	M	cm
92	242	花开放次序	M	1：雄花先开 2：雌花先开 3：雌雄同开
93	243	花性比例	O	%
94	244	花瓣数	O	个
95	245	花瓣颜色	M	1：黄白色 2：浅黄色 3：黄色 4：其他
96	246	花瓣形状	M	1：披针形 2：椭圆形 3：卵形 4：其他
97	247	雄花雄蕊数	O	个
98	248	果实成熟期	M	月 日
99	249	果序姿态	M	1：直立 2：斜展 3：下垂
100	250	果序致密度	M	1：稀疏 2：中等 3：致密

(续)

序号	代号	描述字段	描述符性质	单位或代码
101	251	果序长度	M	cm
102	252	果序宽度	M	cm
103	253	果序重	M	g
104	254	果序果数	M	个
105	255	坐果率	O	%
106	256	果实整齐度	O	1：差 2：中 3：好
107	257	发育分果爿比例	C	%
108	258	果实形状	M	1：扁圆形 2：近圆形 3：卵圆形 4：近椭圆形
109	259	果脐形状	O	1：近圆形 2：椭圆形 3：卵形
110	260	果皮颜色	M	1：黄绿色 2：黄色 3：金黄色 4：黄褐色 5：褐色 6：其他
111	261	果皮透明度	C	1：不透明 2：微透明
112	262	流汁情况	C	1：无 2：轻度流汁 3：重度流汁
113	263	单果重	M	g
114	264	果实纵径	M	mm
115	265	果实横径	M	mm
116	266	果实侧径	M	mm
117	267	果皮厚度	O	mm
118	268	种子形状	M	1：扁圆形 2：近圆形 3：卵圆形 4：近椭圆形
119	269	种皮颜色	M	1：红褐色 2：黄褐色 3：浅褐色 4：深褐色 5：紫黑色 6：漆黑色
120	270	种皮光滑度	O	1：皱 2：光滑
121	271	种子发育程度	O	1：不饱满 2：饱满
122	272	种脐被毛	O	1：无或极少 2：少 3：中等 4：多
123	273	种子重	M	g
124	274	种子纵径	M	mm
125	275	种子横径	M	mm
126	276	种子侧径	M	mm
127	277	种子出仁率	M	%
128	301	果皮皂苷含量	M	%
129	302	种仁含油率	M	%
130	303	种仁油酸含量	O	%

（续）

序号	代号	描述字段	描述符性质	单位或代码
131	304	种仁顺-11-二十碳烯酸含量	O	%
132	305	种仁二十碳烯酸含量	O	%
133	306	种仁亚油酸含量	O	%
134	307	种仁花生酸含量	O	%
135	308	种仁棕榈酸含量	O	%
136	309	种仁 α-亚麻酸含量	O	%
137	310	种仁亚麻酸含量	O	%
138	311	种仁硬脂酸含量	O	%
139	312	种仁二十二酸含量	O	%
140	313	种仁 13-二十二碳烯酸含量	O	%
141	314	种仁棕榈烯酸含量	O	%
142	401	耐寒性	O	1：强　3：中　5：弱
143	402	耐旱性	O	1：强　3：中　5：弱
144	403	耐盐碱性	O	1：强　3：中　5：弱
145	501	煤污病抗性	O	1：高抗　3：抗　5：中抗　7：感
146	502	天牛抗性	O	1：高抗　3：抗　5：中抗　7：感
147	503	蚜虫抗性	O	1：高抗　3：抗　5：中抗　7：感
148	601	指纹图谱与分子标记	O	
149	602	备注	O	

无患子种质资源描述规范

1　范围

本规范规定了无患子种质资源的描述符及其分级标准。

本规范适用于无患子种质资源的收集、整理和保存，数据标准和数据质量控制规范的制定以及数据库和信息共享网络系统的建立。

2　规范性引用文件

下列文件中的条款通过本规范的引用而成为本规范的条款。凡是注日期的引用文件，其随后所有的修改单(不包括勘误的内容)或修订版均不适用于本规范。凡是不注日期的引用文件，其最新版本(包括所有的修改单)适用于本规范。

　　ISO 3166 Codes for the Representation of Name of Countries
　　GB/T 2659—2000　世界各国和地区名称代码
　　GB/T 2260—2007　中华人民共和国行政区划代码
　　GB/T 12404—1997　单位隶属关系代码
　　GB/T 14072—1993　林木种质资源保存原则与方法
　　LY/T 2192—2013　林木种质资源共性描述规范
　　The Royal Horticultural Society's Colour Chart

3　定义与术语

下列术语和定义适用于本规范。

3.1 无患子

无患子(*Sapindus mukorossi* Gaertn.)是无患子科无患子属落叶乔木。其果皮皂苷含量约10%，是重要的天然洗护原料树种，种仁含油率可达40%以上，是生产生物柴油原料油的优良能源树种。此外，无患子树姿优美，夏花繁多，秋叶金黄，是江南地区重要的园林绿化乡土树种。

3.2 无患子种质资源

无患子野生资源(群体、家系、个体)、选育品种、品系、遗传材料及其他等。

3.3 基本信息

无患子种质资源基本情况描述信息，包括资源编号、种质名称、学名、原产地、种质类型等。

3.4 形态特征和生物学特性

无患子种质资源的植物学形态、物候期、产量性状等特征特性。

3.5 品质特性

无患子种质资源的经济性状，如果皮皂苷含量、种仁含油率及其脂肪酸组成等。

3.6 抗逆性

无患子种质资源对各种非生物胁迫的适应或抵抗能力，包括耐寒性、耐旱性和耐盐碱性等。

3.7 抗病虫性

无患子种质资源对各种生物胁迫的适应或抵抗能力，包括主要的病害种类和害虫种类。

4 基本信息

4.1 资源流水号

无患子种质资源进入数据库自动生成的编号。

4.2 资源编号

无患子种质资源的全国统一编号。由15位符号组成，即树种代码(5位)+保存地代码(6位)+顺序号(4位)。

树种代码：采用树种拉丁名的属名前2位+种名前3位组成，即SAMUK；

保存地代码：是指资源保存地所在县级行政区域的代码，按照国家标准《中华人民共和国行政区划代码》(GB/T 2260—2007)的规定执行；

顺序号：该类资源在保存库中的顺序号。

4.3 种质名称
每份无患子种质资源的中文名称。

4.4 种质外文名
国外引进无患子种质的外文名,国内种质资源不填写。

4.5 科中文名
无患子科

4.6 科拉丁名
Sapindaceae

4.7 属中文名
无患子属

4.8 属拉丁名
Sapindus

4.9 种名或亚种名
无患子

4.10 种拉丁名
Sapindus mukorossi Gaertn.

4.11 原产地
国内无患子种质资源的原产县、乡、村、林场名称。依照国家标准《中华人民共和国行政区划代码》(GB/T 2260—2007),填写原产县、自治县、县级市、市辖区、旗、自治旗、林区的名称以及具体的乡、村、林场等名称。

4.12 原产省份
国内无患子种质资源原产省份,依照国家标准《中华人民共和国行政区划代码》(GB/T 2260—2007),填写原产省、直辖市和自治区的名称;国外引进种质资源原产国家(或地区)一级行政区的名称。

4.13 原产国家
无患子种质资源的原产国家或地区的名称,依照国家标准《世界各国和地区名称代码》(GB/T 2659—2000)中的规范名称填写。

4.14 来源地
国外引进的无患子种质资源填写国家、地区或国际组织名称;国内无患子种质资源的来源省、县名称。

4.15 归类编码
采用国家自然科技资源共享平台编制的《自然科技资源共性描述规范》(中国科学技术出版社,2006),依据其中"植物种质资源分级归类与编码表"中林木部分进行编码(11位)。不能归并到末级的资源,可以归到上一级,后面补齐000。无患子的归类编码是11132115000。

4.16 资源类型

无患子种质资源的类型分为7类。

1 野生资源(群体、种源)
2 野生资源(家系)
3 野生资源(个体、基因型)
4 地方品种
5 选育品种
6 遗传材料
7 其他

4.17 主要特性

无患子种质资源的主要特性。

1 高产
2 优质
3 抗病
4 抗虫
5 抗逆
6 高效
7 其他

4.18 主要用途

无患子种质资源的主要用途。

1 材用
2 食用
3 药用
4 防护
5 观赏
6 其他

4.19 气候带

无患子种质资源原产地所属气候带。

1 热带
2 亚热带
3 温带
4 寒温带
5 寒带

4.20 生长习性

无患子种质资源的生长习性。

    1 喜光

    2 耐盐碱

    3 喜水肥

    4 耐干旱

4.21 开花结实特性

无患子种质资源的开花和结实周期。

4.22 特征特性

无患子种质资源可识别或独特性的形态、特征。

4.23 具体用途

无患子种质资源的具体用途和价值。如：果皮可提取皂苷、种子可榨取工业用油、园林绿化等。

4.24 观测地点

无患子种质资源形态、特性特性观测的地点。

4.25 繁殖方式

无患子种质资源的繁殖方式。

    1 有性繁殖(种子繁殖)

    2 有性繁殖(胎生繁殖)

    3 无性繁殖(扦插繁殖)

    4 无性繁殖(嫁接繁殖)

    5 无性繁殖(根繁)

    6 无性繁殖(分蘖繁殖)

4.26 选育(采集)单位

选育无患子品种的单位或个人(野生资源的采集单位或个人)。

4.27 育成年份

无患子品种选育成功的年份。

4.28 海拔

无患子种质资源原产地的海拔高度，单位为 m。

4.29 经度

无患子种质资源原产地的经度，格式 DDDFFMM，其中 D 为度，F 为分，M 为秒。东经以正数表示，西经以负数表示。

4.30 纬度

无患子种质资源原产地的纬度，格式 DDFFMM，其中 D 为度，F 为分，

M 为秒。北纬以正数表示，南纬以负数表示。

4.31 土壤类型

无患子种质资源原产地的土壤条件，包括土壤质地、土壤名称、土壤酸碱度或性质等。

4.32 生态环境

无患子种质资源原产地的自然生态系统类型。

4.33 年均温度

无患子种质资源原产地的年平均温度，通常用当地气象台站近 30~50 年的年均温度，单位为℃。

4.34 年均降水量

无患子种质资源原产地的年均降水量，通常用当地气象台站近 30~50 年的年均降水量，单位为 mm。

4.35 图像

无患子种质资源的图像信息，图像格式为 .jpg。

4.36 记录地址

提供无患子种质资源详细信息的网址或数据库记录链接。

4.37 保存单位

无患子种质资源的保存单位名称(全称)。

4.38 单位编号

无患子种质资源在保存单位中的编号。

4.39 库编号

无患子种质资源在种质库或圃中的编号。

4.40 引种号

无患子种质资源从国外引入时的编号。

4.41 采集号

无患子种质资源在野外采集时的编号。

4.42 保存时间

无患子种质资源被收藏单位收藏或保存的时间，以"年月日"表示，格式为 YYYYMMDD。

4.43 保存材料类型

保存的无患子种质材料的类型。

  1 植株

  2 种子

  3 营养器官(穗条、根穗等)

4 花粉

5 培养物(组培材料)

6 其他

4.44 保存方式

无患子种质资源保存的方式。

1 原地保存

2 异地保存

3 设施(低温库)保存

4.45 实物状态

无患子种质资源实物的状态。

1 良好

2 中等

3 较差

4 缺失

4.46 共享方式

无患子种质资源实物的共享方式。

1 公益性

2 公益借用

3 合作研究

4 知识产权交易

5 资源纯交易

6 资源租赁

7 资源交换

8 收藏地共享

9 行政许可

10 不共享

4.47 获取途径

获取无患子种质资源实物的途径。

1 邮递

2 现场获取

3 网上订购

4 其他

4.48 联系方式

获取无患子种质资源的联系方式,包括联系人、单位、邮编、电话、

E-mail 等。

4.49 源数据主键
连接无患子种质资源特性数据或详细信息的主键值。

4.50 关联项目及编号
无患子种质资源收集、选育或整合的依托项目及编号。

5 形态特征和生物学特性

5.1 树姿
成龄无患子由树枝、干的角度大小等构成的植株形态(图1)。

  1 直立

  2 半张开

  3 张开

  4 下垂

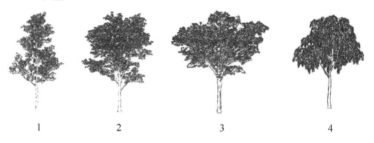

图1 无患子植株形态

5.2 冠形
无患子植株树冠形状(图2)。

  1 圆形

  2 半圆形

  3 椭圆形

  4 扁圆形

  5 不规则形

图2 无患子植株树冠形状

5.3 树势

在正常条件下无患子植株生长所表现出的强弱程度。

1 弱
2 中
3 强

5.4 主干颜色

无患子树干树皮的颜色。

1 灰白色
2 灰色
3 灰褐色
4 青褐色
5 黄褐色
6 褐色
7 其他

5.5 主干表皮特征

无患子树干树皮的光滑度、开裂特征(图3)。

1 平坦
2 粗糙
3 鳞片状开裂

1

2　　　　　3

图3 无患子主干表皮特征

5.6 新梢萌发期

无患子整株新梢的萌发情况，以约50%以上枝梢顶芽生长至约2 cm时的日期为新梢萌发期。

5.7 幼枝颜色

发育充实的幼梢向阳面表皮颜色。

1 绿色
2 黄绿色
3 黄色

　　　　4　黄褐色

　　　　5　其他

5.8　幼枝被毛

　　发育充实的幼梢被毛情况。

　　　　1　无或极少

　　　　2　少

　　　　3　中等

　　　　4　多

5.9　1年生秋梢通直性

　　发育充实的1年生秋梢的通直性(图4)。

　　　　1　直

　　　　2　稍弯曲

　　　　3　近"之"字形弯曲

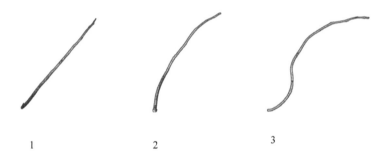

图4　无患子1年生秋梢通直性

5.10　1年生秋梢颜色

　　发育充实的1年生秋梢向阳面表皮颜色。

　　　　1　灰白色

　　　　2　褐色

　　　　3　青褐色

　　　　4　灰褐色

　　　　5　黑褐色

　　　　6　黄色

　　　　7　黄绿色

　　　　8　黄褐色

5.11　1年生秋梢皮孔密度

　　发育充实的1年生秋梢皮孔分布(图5)。

1 疏
2 中
3 密

图 5　无患子 1 年生秋梢皮孔分布

5.12　1 年生秋梢长度

发育充实的 1 年生秋梢基部至顶端的长度，单位为 cm。

5.13　1 年生秋梢粗度

发育充实的 1 年生秋梢离基部 3 cm 处的粗度，单位为 cm。

5.14　1 年生秋梢节间长度

发育充实的 1 年生秋梢平均节间长度，单位为 cm。

5.15　复叶类型

1 偶数羽状复叶
2 奇数羽状复叶

5.16　小叶排列方式

小叶在复叶上的排列方式(图 6)。

1 互生
2 近对生
3 对生

图 6　无患子小叶排列方式

5.17　小叶对数

每片复叶中小叶的对数，单位为对。

5.18 复叶主轴长度

复叶主轴基部至先端的长度,单位为 cm。

5.19 复叶叶柄颜色

复叶叶柄向阳面的颜色。

1　绿色
2　红绿色
3　绿褐色
4　红褐色
5　黄绿色
6　黄色
7　其他

5.20 复叶叶柄长度

复叶主轴基部至第一片小叶之间的长度,单位为 cm。

5.21 叶面颜色

叶片正面的颜色。

1　浅绿色
2　绿色
3　深绿色
4　黄绿色
5　黄色
6　其他

5.22 叶面被毛

叶片正面的被毛情况。

1　无或极少
2　少
3　中等
4　多

5.23 叶背颜色

叶片背面的颜色。

1　浅绿色
2　绿色
3　深绿色
4　黄绿色
5　黄色

6 其他

5.24 叶背被毛

叶片背面的被毛情况。

1 无或极少

2 少

3 中等

4 多

5.25 小叶形状

小叶的形状(图7)。

1 披针形

2 卵状披针形

3 卵圆形

4 椭圆形

5 矩圆形

1　　　　　　2　　　　　　3　　　　　　4　　　　　　5

图7　无患子小叶形状

5.26 叶尖形状

小叶叶尖的形状(图8)。

1 钝

2 钝头渐尖

3 渐尖

4 急尖

1　　　　　　2　　　　　　3　　　　　　4

图8　无患子小叶叶尖的形状

5.27 叶基形状

小叶叶基的形状(图9)。

1 圆钝形

2 阔楔形

3 楔形

4 偏斜

1　　　　　　2　　　　　　3　　　　　　4

图9　无患子小叶叶基的形状

5.28 叶缘形状

小叶叶缘的形状(图10)。

1 平

2 浅波状

3 波状

4 上卷

1　　　　　　2　　　　　　3　　　　　　4

图10　无患子小叶叶缘的形状

5.29 叶脉

小叶背面的叶脉明显程度。

1 不明显

2 明显

5.30 主脉颜色

小叶的主脉颜色。

 1 绿色
 2 红绿色
 3 绿褐色
 4 红褐色
 5 黄绿色
 6 黄色
 7 其他

5.31 小叶长度

小叶基部到叶尖的长度，单位为cm。

5.32 小叶宽度

小叶最宽处的宽度，单位为cm。

5.33 小叶叶柄长度

小叶叶柄的长度，单位为cm。

5.34 花序分化期

整株10%花序原基出现的日期，以"月日"表示。

5.35 初花期

整株约5%花朵开放的日期，以"月日"表示。

5.36 盛花期

整株25%~75%花朵开放的日期，以"月日"表示。

5.37 末花期

整株约75%花朵已开放的日期，以"月日"表示。

5.38 花序主轴颜色

花序主轴的表皮颜色。

 1 绿色
 2 浅绿色
 3 黄绿色
 4 红褐色
 5 紫褐色
 6 其他

5.39 花序支轴致密度

花序一级支轴间的疏密程度。

 1 稀疏

2　中等

3　致密

5.40　花序长度

花序基部至先端的长度,单位为cm。

5.41　花序宽度

花序最大处宽度,单位为cm。

5.42　花开放次序

1　雄花先开

2　雌花先开

3　雌雄同开

5.43　花性比例

每花序上雌花、两性花与雄花数量的占比,以%表示。

5.44　花瓣数

每朵花花瓣数,单位为个。

5.45　花瓣颜色

花瓣的颜色。

1　黄白色

2　浅黄色

3　黄色

4　其他

5.46　花瓣形状

花瓣的形状。

1　披针形

2　椭圆形

3　卵形

4　其他

5.47　雄花雄蕊数

每朵雄花中雄蕊的数量,单位为个。

5.48　果实成熟期

整株50%~80%的果实大小已生长稳定而逐步出现应有的色泽等成熟特征的日期。

5.49　果序姿态

果序的着生姿态。

1　直立

2 斜展

3 下垂

5.50 果序致密度

果序支轴间的结实疏密程度(图11)。

1 稀疏

2 中等

3 致密

图 11 无患子果序结实的疏密程度

5.51 果序长度

果序基部至先端的长度,单位为 cm。

5.52 果序宽度

果序主轴垂直方向的最大宽度,单位为 cm。

5.53 果序重

每个果序的质量,单位为 g。

5.54 果序果数

每个果序的果粒数,单位为个。

5.55 坐果率

花期记录每花序雌花总数,于果实成熟期调查每果序坐果数,计算坐果数占雌花总数的百分率,以%表示。

5.56 果实整齐度

果实的大小及形状的一致性情况。

1 差

2 中

3 好

5.57 发育分果爿比例

每果序具有 2 个及以上分果爿发育的果粒数占全部果粒数的百分率,以%表示。

5.58 果实形状

果实的形状(图12)。

1 扁圆形
2 近圆形
3 卵圆形
4 近椭圆形

　　1　　　　　2　　　　　3　　　　　4

图12　无患子果实的形状

5.59 果脐形状

分果爿接合部位的形状。

1 近圆形
2 椭圆形
3 卵形

5.60 果皮颜色

果实表皮的颜色。

1 黄绿色
2 黄色
3 金黄色
4 黄褐色
5 褐色
6 其他

5.61 果皮透明度

果实的果肉透明度。

1 不透明
2 微透明

5.62 流汁情况

果皮表面汁液溢出的情况。

1 无
2 轻度流汁

3 重度流汁

5.63 单果重
单粒果实的质量，单位为g。

5.64 果实纵径
果实果顶至果基间的最大距离，单位为mm。

5.65 果实横径
果实最大横切面的最大直径，单位为mm。

5.66 果实侧径
果实最大横切面垂直方向的最大直径，单位为mm。

5.67 果皮厚度
沿果脐中部纵切，果实纵切面中赤道面的果肉厚度，单位为mm。

5.68 种子形状
种子的形状(图13)。
1 扁圆形
2 近圆形
3 卵圆形
4 近椭圆形

  1   2   3   4

图13 无患子种子的形状

5.69 种皮颜色
种子表皮的颜色。
1 红褐色
2 黄褐色
3 浅褐色
4 深褐色
5 紫黑色
6 漆黑色

5.70 种皮光滑度
种子表面的光滑程度。
1 皱
2 光滑

5.71 种子发育程度

种子的发育程度。

  1 不饱满

  2 饱满

5.72 种脐被毛

种子脐部的被毛情况。

  1 无或极少

  2 少

  3 中等

  4 多

5.73 种子重

单粒种子的质量,单位为g。

5.74 种子纵径

种子顶部到脐部的最大距离,单位为mm。

5.75 种子横径

种子最大横切面的最大直径,单位为mm。

5.76 种子侧径

种子最大横切面垂直方向的最大直径,单位为mm。

5.77 种子出仁率

种仁质量占种子质量的比例,以%表示。

6 品质特性

6.1 果皮皂苷含量

果皮中皂苷的含量,以%表示。

6.2 种仁含油率

种仁中油脂的含量,以%表示。

6.3 种仁油酸含量

种仁油脂组分中油酸的含量,以%表示。

6.4 种仁顺-11-二十碳烯酸含量

种仁油脂组分中顺-11-二十碳烯酸含量,以%表示。

6.5 种仁二十碳烯酸含量

种仁油脂组分中二十碳烯酸含量,以%表示。

6.6 种仁亚油酸含量

种仁油脂组分中亚油酸的含量,以%表示。

6.7 种仁花生酸含量

种仁油脂组分中花生酸的含量,以%表示。

6.8 种仁棕榈酸含量

种仁油脂组分中棕榈酸的含量,以%表示。

6.9 种仁 α-亚麻酸含量

种仁油脂组分中 α-亚麻酸含量,以%表示。

6.10 种仁亚麻酸含量

种仁油脂组分中亚麻酸含量,以%表示。

6.11 种仁硬脂酸含量

种仁油脂组分中硬脂酸的含量,以%表示。

6.12 种仁二十二酸含量

种仁油脂组分中二十二酸含量,以%表示。

6.13 种仁 13-二十二碳烯酸含量

种仁油脂组分中 13-二十二碳烯酸含量,以%表示。

6.14 种仁棕榈烯酸含量

种仁油脂组分中棕榈烯酸含量,以%表示。

7 抗逆性

7.1 耐寒性

植株抵抗寒冷的能力。

  1 强
  3 中
  5 弱

7.2 耐旱性

植株抵抗干旱的能力。

  1 强
  3 中
  5 弱

7.3 耐盐碱性

植株抵抗盐碱的能力。

  1 强
  3 中
  5 弱

8 抗病虫性

8.1 煤污病抗性
无患子对煤污病的抗性强弱。
- 1 高抗
- 3 抗
- 5 中抗
- 7 感

8.2 天牛抗性
无患子对天牛的抗性强弱。
- 1 高抗
- 3 抗
- 5 中抗
- 7 感

8.3 蚜虫抗性
无患子对蚜虫的抗性强弱。
- 1 高抗
- 3 抗
- 5 中抗
- 7 感

9 其他信息

9.1 指纹图谱与分子标记
对进行过指纹图谱分析或重要性状分子标记的无患子种质，记录指纹图谱或分子标记的方法，并注明所用引物、特征带的分子大小或序列以及所标记的性状和连锁距离。

9.2 备注
对无患子种质特殊描述符号或特殊代码的具体说明。

四 无患子种质资源数据标准

序号	代号	描述符	字段英文名	字段类型	字段长度	字段小数位	单位	代码	代码英文名	样例
1	101	资源流水号	Running number	C	18					1111C00030400 1418
2	102	资源编号	Accession number	C	15					SAMUK3301110013
3	103	种质名称	Accession name	C	50					无患子无性系 13
4	104	种质外文名	Alien name	C	50					
5	105	科中文名	Chinese name of family	C	8					无患子科
6	106	科拉丁名	Latin name of family	C	11					Sapindaceae
7	107	属中文名	Chinese name of genus	C	8					无患子属
8	108	属拉丁名	Latin name of genus	C	8					Sapindus
9	109	种名或亚种名	Species or subspecies name	C	6					无患子
10	110	种拉丁名	Latin name of species	C	24					Sapindus mukorossi Gaertn.
11	111	原产地	Place of origin	C	100					浙江省台州市天台县平桥镇
12	112	原产省份	Province of origin	C	20					浙江省

(续)

序号	代号	描述符	字段英文名	字段类型	字段长度	字段小数位	单位	代码	代码英文名	样例
13	113	原产国家	Country of origin	C	20					中国
14	114	来源地	Sample source	C	100					浙江省天台县
15	115	归类编码	Sorting code	C	11					11132115000
16	116	资源类型	Types of germplasm resources	C	21			1: 野生资源(群体、种源) 2: 野生资源(家系) 3: 野生资源(个体、基因型) 4: 地方品种 5: 选育品种 6: 遗传材料 7: 其他	1: Wild resource (population, provenance) 2: Wild resource (family) 3: Wild resource (individual, genotype) 4: Local varieties 5: Breeding varieties 6: Genetic material 7: Others	野生资源(个体、基因型)
17	117	主要特性	Key features	C	4			1: 高产 2: 优质 3: 抗病 4: 抗虫 5: 抗逆 6: 高效 7: 其他	1: High yield 2: High quality 3: Disease-resistant 4: Insect-resistant 5: Anti-adversity 6: High active 7: Others	高产;优质
18	118	主要用途	Main uses	C	4			1: 材用 2: 食用 3: 药用 4: 防护 5: 观赏 6: 其他	1: Timber-used 2: Edible 3: Officinal 4: Protection 5: Ornamental 6: Others	其他

(续)

序号	代号	描述符	字段英文名	字段类型	字段长度	字段小数位	单位	代码	代码英文名	样例
19	119	气候带	Climate zone	C	6			1: 热带 2: 亚热带 3: 温带 4: 寒温带 5: 寒带	1: Tropics 2: Subtropics 3: Temperate zone 4: Cold temperate zone 5: Frigid zone	亚热带
20	120	生长习性	Growth habit	C	200			1: 喜光 2: 耐盐碱 3: 喜水肥 4: 耐干旱	1: Light favoured 2: Salinity 3: Water-liking 4: Drought-resistant	喜光；耐干旱
21	121	开花结实特性	Characteristics of flowering and fruiting	C	200					6月初始花，果实10月中旬成熟
22	122	特征特性	Characteristics	C	200					果序直立，大型果，单株产量高
23	123	具体用途	Specific use	C	200					果皮提取皂苷，用于洗护产品加工，种仁富含油脂，可用于生产生物质能源产品
24	124	观测地点	Observation location	C	100					浙江省台州市天台县平桥镇

(续)

序号	代号	描述符	字段英文名	字段类型	字段长度	字段小数位	单位	代码	代码英文名	样例
25	125	繁殖方式	Means of reproduction	C	10			1: 有性繁殖(种子繁殖) 2: 有性繁殖(胎生繁殖) 3: 无性繁殖(扦插繁殖) 4: 无性繁殖(嫁接繁殖) 5: 无性繁殖(根繁) 6: 无性繁殖(分蘖繁殖)	1: Sexual propagation (Seed reproduction) 2: Sexual propagation (Viviparous reproduction) 3: Asexual reproduction (Cutting propagation) 4: Asexual reproduction (Grafting propagation) 5: Asexual reproduction (Root) 6: Asexual reproduction (Tillering propagation)	无性繁殖(嫁接繁殖)
26	126	选育(采集)单位	Breeding institute	C	100					中国林业科学研究院亚热带林业研究所
27	127	育成年份	Releasing year	D	4					2013
28	128	海拔	Altitude	N	6	0	m			90
29	129	经度	Longitude	N	7	0				1210700
30	130	纬度	Latitude	N	6	0				290500
31	131	土壤类型	Soil type	C	100					砂质壤土
32	132	生态环境	Ecological environment	C	200					人工林
33	133	年均温度	Average annual temperature	N	4	1	℃			16.8
34	134	年均降水量	Average annual precipitation	N	6	1	mm			1400.0
35	135	图像	Image file name	C	100					

(续)

序号	代号	描述符	字段英文名	字段类型	字段长度	字段小数位	单位	代码	代码英文名	样例
36	136	记录地址	Record address	C	100					
37	137	保存单位	Conservation institute	C	100					中国林业科学研究院亚热带林业研究所
38	138	单位编号	Conservation institute name	C	50					YLS01418
39	139	库编号	Base number	C	50					
40	140	引种号	Introduction number	C	50					
41	141	采集号	Collecting number	C	50					
42	142	保存时间	Conservation time	D	8					20130308
43	143	保存材料类型	Donor material type	C	21			1: 植株 2: 种子 3: 营养器官（穗条、根、穗等） 4: 花粉 5: 培养物（组培材料） 6: 其他	1: Plant 2: Seed 3: Vegetative organ (scion, root tuber, root whip) 4: Pollen 5: Culture (Tissue culture material) 6: Others	植株
44	144	保存方式	Conservation mode	C	16			1: 原地保存 2: 异地保存 3: 设施（低温库）保存	1: In situ conservation 2: Ex situ conservation 3: Low temperature preservation	异地保存

（续）

序号	代号	描述符	字段英文名	字段类型	字段长度	字段小数位	单位	代码	代码英文名	样例
45	145	实物状态	Physical state	C	4			1: 良好 2: 中等 3: 较差 4: 缺失	1: Good 2: Medium 3: Poor 4: Defect	良好
46	146	共享方式	Sharing methods	C	10			1: 公益性 2: 公益借用 3: 合作研究 4: 知识产权交易 5: 资源纯交易 6: 资源租赁 7: 资源交换 8: 收藏地共享 9: 行政许可 10: 不共享	1: Public interest 2: Public borrowing 3: Cooperative research 4: Intellectual property rights transaction 5: Pure resources transaction 6: Resource rent 7: Resource dischange 8: Collection local share 9: Administrative license 10: Not share	公益性; 合作研究; 知识产权交易; 资源交换
47	147	获取途径	Obtain way	C	8			1: 邮递 2: 现场获取 3: 网上订购 4: 其他	1: Post 2: Captured in the field 3: Online ordering 4: Others	现场获取
48	148	联系方式	Contact way	C	200					
49	149	源数据主键	Key words of source data	C	50					
50	150	关联项目及编号	Related project and its number	C	200					

(续)

序号	代号	描述符	字段英文名	字段类型	字段长度	字段小数位	单位	代码	代码英文名	样例
51	201	树姿	Tree performance	C	6			1: 直立 2: 半张开 3: 张开 4: 下垂	1: Erect 2: Half open 3: Open 4: Pendulous	半张开
52	202	冠形	Crown form	C	8			1: 圆形 2: 半圆形 3: 椭圆形 4: 扁圆形 5: 不规则形	1: Circular 2: Semicircle 3: Ellipse 4: Oblate circle 5: Irregular shape	半圆形
53	203	树势	Tree vigor	C	4			1: 弱 2: 中 3: 强	1: Weak 2: Intermediate 3: Strong	强
54	204	主干颜色	Main trunk color	C	6			1: 灰白色 2: 灰色 3: 灰褐色 4: 青褐色 5: 黄褐色 6: 褐色 7: 其他	1: Greyish-white 2: Grey 3: Greyish brown 4: Greenish brown 5: Fulvous 6: Brown 7: Others	灰褐色
55	205	主干表皮特征	Characteristics of main trunk epidermis	C	10			1: 平坦 2: 粗糙 3: 鳞片状开裂	1: Smooth 2: Rough 3: Scaly cracking	平坦
56	206	新梢萌发期	New shoot germination period	D	8					5月20日

(续)

序号	代号	描述符	字段英文名	字段类型	字段长度	字段小数位	单位	代码	代码英文名	样例
57	207	幼枝颜色	Young branch color	C	6			1: 绿色 2: 黄绿色 3: 黄色 4: 黄褐色 5: 其他	1: Green 2: Yellowish green 3: Yellow 4: Fulvous 5: Others	绿色
58	208	幼枝被毛	Young branch indumentum	C	8			1: 无或极少 2: 少 3: 中等 4: 多	1: None or very little 2: Few 3: Moderate 4: Density	无或极少
59	209	1年生秋梢通直性	Straightness of annual autumn shoot	C	12			1: 直 2: 稍弯曲 3: 近"之"字形弯	1: Straight 2: Slightly curved 3: Zigzag curved	稍弯曲
60	210	1年生秋梢颜色	Color of annual autumn shoot	C	6			1: 灰白色 2: 褐色 3: 青褐色 4: 灰褐色 5: 黑褐色 6: 黄色 7: 黄绿色 8: 黄褐色	1: Greyish white 2: Brown 3: Greenish brown 4: Greyish brown 5: Dark brown 6: Yellow 7: Yellowish green 8: Fulvous	灰褐色
61	211	1年生秋梢皮孔密度	Lenticel density of annual autumn shoot	C	2			1: 疏 2: 中 3: 密	1: Sparse 2: Intermediate 3: Dense	中
62	212	1年生秋梢长度	Length of annual autumn shoot	N	5	1	cm			27.8

(续)

序号	代号	描述符	字段英文名	字段类型	字段长度	字段小数位	单位	代码	代码英文名	样例
63	213	1年生秋梢粗度	Diameter of annual autumn shoot	N	4	1	cm			1.2
64	214	1年生秋梢节间长度	Internode length of annual autumn shoot	N	3	1	cm			2.6
65	215	复叶类型	Compound leaf type	C	12			1: 偶数羽状复叶 2: 奇数羽状复叶	1: Even-pinnately compound leaf 2: Odd-pinnately compound leaf	偶数羽状复叶
66	216	小叶排列方式	Leaflet phyllotaxy	C	6			1: 互生 2: 近对生 3: 对生	1: Alternate 2: Nearly opposite 3: Opposite	近对生
67	217	小叶对数	Number of leaflet pairs	N	3	1	对			8.4
68	218	复叶主轴长度	Length of compound leaf rachis	N	4	1	cm			28.5
69	219	复叶柄颜色	Petiole color of compound leaf	C	6			1: 绿色 2: 红绿色 3: 绿褐色 4: 红褐色 5: 黄绿色 6: 黄色 7: 其他	1: Green 2: Reddish green 3: Greenish brown 4: Reddish brown 5: Yellowish green 6: Yellow 7: Others	绿色
70	220	复叶柄长度	Petiole length of compound leaf	N	4	1	cm			6.8

（续）

序号	代号	描述符	字段英文名	字段类型	字段长度	字段小数位	单位	代码	代码英文名	样例
71	221	叶面颜色	Leaf surface color	C	6			1: 浅绿色 2: 绿色 3: 深绿色 4: 黄绿色 5: 黄色 6: 其他	1: Laurel-green 2: Green 3: Bottle-green 4: Yellowish green 5: Yellow 6: Others	深绿色
72	222	叶面被毛	Leaf surface indumentum	C	8			1: 无或极少 2: 少 3: 中等 4: 多	1: None or very little 2: Few 3: Intermediate 4: Density	无或极少
73	223	叶背颜色	Leaf back color	C	6			1: 浅绿色 2: 绿色 3: 深绿色 4: 黄绿色 5: 黄色 6: 其他	1: Laurel-green 2: Green 3: Bottle-green 4: Yellowish green 5: Yellow 6: Others	绿色
74	224	叶背被毛	Leaf back indumentum	C	8			1: 无或极少 2: 少 3: 中等 4: 多	1: None or very little 2: Few 3: Intermediate 4: Density	无或极少
75	225	小叶形状	Leaflet shape	C	10			1: 披针形 2: 卵状披针形 3: 卵圆形 4: 椭圆形 5: 矩圆形	1: Lanceolate 2: Ovate lanceolate 3: Ovoid 4: Elliptical 5: Oblong	卵圆形

(续)

序号	代号	描述符	字段英文名	字段类型	字段长度	字段小数位	单位	代码	代码英文名	样例
76	226	叶尖形状	Leaf apex shape	C	8			1: 钝 2: 钝头渐尖 3: 渐尖 4: 急尖	1: Obtuse 2: Obtuse acute 3: Acuminate 4: Acute	渐尖
77	227	叶基形状	Leaf bases shape	C	6			1: 圆钝形 2: 阔楔形 3: 楔形 4: 偏斜	1: Round obtuse 2: Broad wedge 3: Wedge 4: Oblique	阔楔形
78	228	叶缘形状	Leaf margin shape	C	6			1: 平 2: 浅波状 3: 波状 4: 上卷	1: Flat 2: Shallow wavy 3: Wavy 4: Roll-up	浅波状
79	229	叶脉	Vein	C	6			1: 不明显 2: 明显	1: Not obvious 2: Obvious	明显
80	230	主脉颜色	Main vein color	C	6			1: 绿色 2: 红绿色 3: 绿褐色 4: 红褐色 5: 黄绿色 6: 黄色 7: 其他	1: Green 2: Redish green 3: Greenish brown 4: Reddish brown 5: Yellowish green 6: Yellow 7: Others	绿色
81	231	小叶长度	Leaflet length	N	4	1	cm			7.8
82	232	小叶宽度	Leaflet width	N	3	1	cm			3.7
83	233	小叶叶柄长度	Leaflet petiole length	N	3	1	cm			0.8

(续)

序号	代号	描述符	字段英文名	字段类型	字段长度	字段小数位	单位	代码	代码英文名	样例
84	234	花序分化期	Inflorescence differentiation period	D	8					5月28日
85	235	初花期	Early blooming stage	D	8					6月9日
86	236	盛花期	Blooming stage	D	8					6月22日
87	237	末花期	Flower withering stage	D	8					6月28日
88	238	花序主轴颜色	Inflorescence spindle color	C	6			1：绿色 2：浅绿色 3：黄绿色 4：红褐色 5：紫褐色 6：其他	1: Green 2: Laurel-green 3: Yellowish green 4: Reddish brown 5: Purplish brown 6: Others	浅绿色
89	239	花序支轴致密度	Inflorescence branch axis density	C	4			1：稀疏 2：中等 3：致密	1: Incompact 2: Intermediate 3: Compact	中等
90	240	花序长度	Inflorescence length	N	4	1	cm			26.7
91	241	花序宽度	Inflorescence width	N	4	1	cm			24.3
92	242	花开放次序	Flower opening order	C	8			1：雄花先开 2：雌花先开 3：雌雄同开	1: Male flowers bloom first 2: Female flowers bloom first 3: Male and femaleflowers bloom simultaneously	雄花先放
93	243	花性比例	Flower sexual ratio	N	4	1	%			
94	244	花瓣数	Petals number	N	3	1	个			5.0

（续）

序号	代号	描述符	字段英文名	字段类型	字段长度	字段小数位	单位	代码	代码英文名	样例
95	245	花瓣颜色	Petals color	C	6			1: 黄白色 2: 浅黄色 3: 黄色 4: 其他	1: Yellowish white 2: Light yellow 3: Yellow 4: Others	浅黄色
96	246	花瓣形状	Petals shape	C	6			1: 披针形 2: 椭圆形 3: 卵形 4: 其他	1: Lanceolate 2: Ellipse 3: Oval 4: Others	披针形
97	247	雄花雄蕊数	Stamens number of male flower	N	3	1	个			8.0
98	248	果实成熟期	Fructescence	D	8					10月21日
99	249	果序姿态	Infructescence posture	C	4			1: 直立 2: 斜展 3: 下垂	1: Erect 2: Oblique spread 3: Pendulous	直立
100	250	果序致密度	Inflorescence density	C	4			1: 稀疏 2: 中等 3: 致密	1: Incompact 2: Intermediate 3: Compact	中等
101	251	果序长度	Inflorescence length	N	4	1	cm			26.2
102	252	果序宽度	Inflorescence width	N	4	1	cm			24.7
103	253	果序重	Inflorescence weight	N	6	1	g			256.3
104	254	果序果数	Infructescence fruit number	N	4	1	个			32.4
105	255	坐果率	Fruit setting percentage	N	4	1	%			

(续)

序号	代号	描述符	字段英文名	字段类型	字段长度	字段小数位	单位	代码	代码英文名	样例
106	256	果实整齐度	Fruit uniformity	C	2			1: 差 2: 中 3: 好	1: Poor 2: Intermediate 3: Good	好
107	257	发育分果爿比例	Percentage of developing mericarps	N	4	1	%			
108	258	果实形状	Fruit shape	C	8			1: 扁圆形 2: 近圆形 3: 卵圆形 4: 近椭圆形	1: Oblate 2: Subcircular 3: Ovoid 4: Elliptical	扁圆形
109	259	果脐形状	Fruit navel shape	C	6			1: 近圆形 2: 椭圆形 3: 卵形	1: Subcircular 2: Ellipse 3: Oval	近圆形
110	260	果皮颜色	Pericarp color	C	6			1: 黄绿色 2: 黄色 3: 金黄色 4: 黄褐色 5: 褐色 6: 其他	1: Yellowish green 2: Yellow 3: Golden 4: Yellowish brown 5: Brown 6: Others	金黄色
111	261	果皮透明度	Pericarp transparency	C	6			1: 不透明 2: 微透明	1: Opaque 2: Subtranslucent	不透明
112	262	流汁情况	Juice flow situation	C	8			1: 无 2: 轻度流汁 3: 重度流汁	1: None 2: Mild juice 3: Heavy juice	无
113	263	单果重	Fruit weight	N	3	1	g			6.7

(续)

序号	代号	描述符	字段英文名	字段类型	字段长度	字段小数位	单位	代码	代码英文名	样例
114	264	果实纵径	Fruit longitudinal diameter	N	4	1	mm			21.4
115	265	果实横径	Fruit equatorial diameter	N	4	1	mm			26.5
116	266	果实侧径	Fruit lateral diameter	N	4	1	mm			22.4
117	267	果皮厚度	Pericarp width	N	3	1	mm			3.1
118	268	种子形状	Seedshape	C	8			1: 扁圆形 2: 近圆形 3: 卵圆形 4: 近椭圆形	1: Oblate 2: Subcircular 3: Ovoid 4: Elliptical	近圆形
119	269	种皮颜色	Seed coat color	C	6			1: 红褐色 2: 黄褐色 3: 浅褐色 4: 深褐色 5: 紫黑色 6: 漆黑色	1: Reddish brown 2: Yellowish brown 3: Light brown 4: Dark brown 5: Purplish black 6: Lacquered black	漆黑色
120	270	种皮光滑度	Seed coat smoothness	C	4			1: 皱 2: 光滑	1: Crinkle 2: Smooth	光滑
121	271	种子发育程度	Degree of seed development	C	6			1: 不饱满 2: 饱满	1: Flat 2: Plump	饱满
122	272	种脐被毛	Hilum indumentum	C	8			1: 无或极少 2: 少 3: 中等 4: 多	1: None or very little 2: Few 3: Intermediate 4: Density	多
123	273	种子重	Seed weight	N	3	1	g			1.9

(续)

序号	代号	描述符	字段英文名	字段类型	字段长度	字段小数位	单位	代码	代码英文名	样例
124	274	种子纵径	Seed longitudinal diameter	N	4	1	mm			15.2
125	275	种子横径	Seed equatorial diameter	N	4	1	mm			15.7
126	276	种子侧径	Seed lateral diameter	N	4	1	mm			14.5
127	277	种子出仁率	Seed kernel rate	N	4	1	%			33.5
128	301	果皮皂苷含量	Saponins content of pericarp	N	4	1	%			12.8
129	302	种仁含油率	Kernel oil content	N	4	1	%			36.7
130	303	种仁油酸含量	Oleic acid content of kernel	N	4	1	%			52.3
131	304	种仁-顺-11-二十碳烯酸含量	Cis-11-eicosanilic acid content of kernel	N	4	1	%			
132	305	种仁二十碳烯酸含量	Eicosthenic acid content of kernel	N	4	1	%			24.1
133	306	种仁亚油酸含量	Linoleic acid content of kernel	N	4	1	%			5.9
134	307	种仁花生酸含量	Arachidonic acidcontent of kernel	N	4	1	%			6.2
135	308	种仁棕榈酸含量	Palmitic acid content of kernel	N	4	1	%			4.6
136	309	种仁α-亚麻酸含量	α-linolenic acid content of kernel	N	4	1	%			
137	310	种仁亚麻酸含量	Linolenic acid content of kernel	N	4	1	%			0.9

(续)

序号	代号	描述符	字段英文名	字段类型	字段长度	字段小数位	单位	代码	代码英文名	样例
138	311	种仁硬脂酸含量	Stearic acid content of kernel	N	4	1	%			1.1
139	312	种仁二十三酸含量	Docosanoic acid content of kernel	N	4	1	%			
140	313	种仁13-二十三碳烯酸含量	13-docosaenoic acid content of kernel	N	4	1	%			
141	314	种仁棕榈烯酸含量	Palmitic acid content of kernel	N	4	1	%			
142	401	耐寒性	Cold resistance	C	2			1: 强 3: 中 5: 弱	1: Strong 3: Intermediate 5: Weak	中
143	402	耐旱性	Drought resistance	C	2			1: 强 3: 中 5: 弱	1: Strong 3: Intermediate 5: Weak	强
144	403	耐盐碱性	Resistance to salinization	C	2			1: 强 3: 中 5: 弱	1: Strong 3: Intermediate 5: Weak	中
145	501	煤污病抗性	Sooty blotchresistance	C	4			1: 高抗 3: 抗 5: 中抗 7: 感	1: High resistance 3: Resistance 5: Moderate resistance 7: Susceptibility	抗

(续)

序号	代号	描述符	字段英文名	字段类型	字段长度	字段小数位	单位	代码	代码英文名	样例
146	502	天牛抗性	Longhorn beetle resistance	C	4			1: 高抗 3: 抗 5: 中抗 7: 感	1: High resistance 3: Resistance 5: Moderate resistance 7: Susceptibility	中抗
147	503	蚜虫抗性	Aphid resistance	C	4			1: 高抗 3: 抗 5: 中抗 7: 感	1: High resistance 3: Resistance 5: Moderate resistance 7: Susceptibility	中抗
148	601	指纹图谱与分子标记	Fingerprinting and molecular marker	C	500					
149	602	备注	Remarks	C	500					

无患子种质资源数据质量控制规范

1 范围

本规范规定了无患子种质资源数据采集过程的质量控制内容和方法。

本规范适用于无患子种质资源的整理、整合和共享。

2 规范性引用文件

下列文件中的条款通过本规范的引用而成为本规范的条款。凡是注日期的引用文件，其随后所有的修改单（不包括勘误的内容）或修订版均不适用于本规范。凡是不注日期的引用文件，其最新版本（包括所有的修改单）适用于本规范。

ISO 3166 Codes for the Representation of Name of Countries

GB/T 2659—2000　世界各国和地区名称代码

GB/T 2260—2007　中国人民共和国行政区划代码

GB/T 12404—1997　单位隶属关系代码

GB/T 14072—1993　林木种质资源保存原则与方法

LY/T 2192—2013　林木种质资源共性描述规范

The Royal Horticultural Society's Colour Chart

3 数据质量控制的基本方法

3.1 形态特征和生物学特性鉴定条件

3.1.1 鉴定地点

鉴定地点的环境条件应能够满足无患子植株的正常生长及其性状的正常

表达。

3.1.2 鉴定时间

根据无患子的生长周期和物候期,结合各鉴定项目的要求,确定最佳的鉴定时间。数量性状鉴定不少于2年。

3.1.3 鉴定株数

鉴定株数一般不少于3株。抗逆性和抗病虫性状根据具体观测方法而定。

3.2 数据采集

形态特征和生物学特性观测试验原始数据的采集应在种质正常生长的情况下获得。如遇自然灾害等因素严重影响植株正常生长的,应重新进行观测试验和数据采集。

3.3 鉴定数据统计分析和校验

每份种质的形态特征、生物学特性和品质特性等观测数据依据对照品种进行校验。根据观测校验值,计算每份种质性状的平均值、变异系数和标准差,并进行方差分析,判断试验结果的稳定性和可靠性。取校验的平均值作为该种质的性状值。

4 基本信息

4.1 资源流水号

无患子种质资源进入数据库自动生成的编号。

4.2 资源编号

无患子种质资源的全国统一编号。由15位符号组成,即树种代码(5位)+保存地代码(6位)+顺序号(4位)。

树种代码:采用树种拉丁名的属名前2位+种名前3位组成,即SAMUK;

保存地代码:是指资源保存地所在县级行政区域的代码,按照《中华人民共和国行政区划代码》(GB/T 2260—2007)的规定执行;

顺序号:该类资源在保存库中的顺序号。

示例:SAMUK(无患子树种代码)330111(杭州富阳区)0001(保存顺序号)。

4.3 种质名称

每份无患子种质资源的中文名称。

4.4 种质外文名

国外引进无患子种质的外文名,国内种质资源不填写。

4.5 科中文名

种质资源在植物分类学上的中文科名,如:无患子科。

4.6 科拉丁名
种质资源在植物分类学上的拉丁文，拉丁文用正体，如："Sapindaceae"。

4.7 属中文名
种质资源在植物分类学上的学名（拉丁名）和中文属名，如："无患子属"。

4.8 属拉丁名
种质资源在植物分类学上的拉丁文，拉丁文用斜体，如："*Sapindus* L."。

4.9 种中文名
种质资源在植物分类学上的中文种名或亚种名，如："无患子"。

4.10 种拉丁名
种质资源在植物分类学上的拉丁文，拉丁文用斜体，如："*Sapindus mukorossi* Gaertn."。

4.11 原产地
国内无患子种质资源的原产县、乡、村、林业局、林场名称。依照国家标准《中华人民共和国行政区划代码》（GB/T 2260—2007），填写原产县、自治县、县级市、市辖区、旗、自治旗、林区的名称以及具体的乡、村、林场等名称。

4.12 原产省份
国内无患子种质资源原产省份，依照国家标准《中华人民共和国行政区划代码》（GB/T 2260—2007），填写原产省、直辖市和自治区的名称；国外引进种质资源原产国家（或地区）一级行政区的名称。

4.13 原产国家
种质资源的原产国家或地区的名称，依照国家标准《世界各国和地区名称代码》（GB/T 2659—2000）中的规范名称填写，如该国家已不存在，应在原国家名称前加（原）如（原苏联）。国际组织名称用该组织的外文名缩写，如FAO。

4.14 来源地
国外引进无患子种质资源填写国家、地区或国际组织名称；国内无患子种质资源填写来源省、县名称。

4.15 归类编码
采用国家自然科技资源共享平台编制的《自然科技资源共性描述规范》（中国科学技术出版社，2006），依据其中"植物种质资源分级归类与编码表"中林木部分进行编码（11位）。不能归并到末级的资源，可以归到上一级，后面补齐000。无患子的归类编码是11132115000。

4.16 资源类型

保存的无患子种质资源的类型。

1 野生资源(群体、种源)
2 野生资源(家系)
3 野生资源(个体、基因型)
4 地方品种
5 选育品种
6 遗传材料
7 其他

4.17 主要特性

无患子种质资源的主要特性。

1 高产
2 优质
3 抗病
4 抗虫
5 抗逆
6 高效
7 其他填写

4.18 主要用途

无患子种质资源的主要用途。

1 材用
2 食用
3 药用
4 防护
5 观赏
6 其他

4.19 气候带

无患子种质资源原产地所属气候带。

1 热带
2 亚热带
3 温带
4 寒温带
5 寒带

4.20 生长习性

无患子种质资源的生长习性。描述林木在长期自然选择中表现的生长、适应或喜好。如喜光、耐盐碱、喜水肥、耐干旱等。

4.21 开花结实特性

无患子种质资源开花和结实周期。如：3~5 年始花期、结实大小年周期 1~2 年等。

4.22 特征特性

无患子种质资源可识别或独特性的形态、特征。

4.23 具体用途

无患子种质资源的具体用途和价值。

4.24 观测地点

无患子种质资源形态、特性特性观测的地点。

4.25 繁殖方式

无患子种质资源的繁殖方式，包括有性繁殖、无性繁殖等。

    1 有性繁殖(种子繁殖)

    2 有性繁殖(胎生繁殖)

    3 无性繁殖(扦插繁殖)

    4 无性繁殖(嫁接繁殖)

    5 无性繁殖(根繁)

    6 无性繁殖(分蘖繁殖)

4.26 选育(采集)单位

选育无患子品种的单位或个人(野生资源的采集单位或个人)。

4.27 育成年份

无患子品种选育成功的年份，野生资源不填写。

4.28 海拔

无患子种质资源原产地的海拔高度，单位为 m。

4.29 经度

无患子种质资源原产地的经度，格式 DDDFFMM，其中 D 为度，F 为分，M 为秒，东经以正数表示，西经以负数表示。

4.30 纬度

无患子种质资源原产地的纬度，格式 DDFFMM，其中 D 为度，F 为分，M 为秒，北纬以正数表示，南纬以负数表示。

4.31 土壤类型

无患子种质资源原产地的土壤条件，包括土壤质地、土壤名称、土壤酸碱度或性质等。

4.32 生态环境

无患子种质资源原产地的自然生态系统类型。

4.33 年均温度

无患子种质资源原产地的年平均温度,通常用当地气象台站近 30~50 年的年均温度,单位为℃。

4.34 年均降水量

无患子种质资源原产地的年均降水量,通常用当地气象台站近 30~50 年的年均降水量,单位为 mm。

4.35 图像

无患子种质资源的图像文件名,图像格式为 .jpg。图像文件名由资源流水号加半连号"-"加序号加".jpg"。多个图像文件名之间用英文分号分隔。资源图像主要包括植株、叶片、花、果实以及能够表现种质资源特异性状的照片。图像清晰,图片文件大小应在 1 Mb 以上。

4.36 记录地址

提供无患子种质资源详细信息的网址或数据库记录链接。

4.37 保存单位

无患子种质资源的保存单位名称(全称)。

4.38 单位编号

无患子种质资源在保存单位中的编号,单位编号在同一单位应具有唯一性。

4.39 库编号

无患子种质资源在种质库或圃中的编号。

4.40 引种号

无患子种质资源从国外引入时的编号。

4.41 采集号

无患子种质资源在野外采集时的编号。

4.42 保存时间

无患子种质资源被收藏单位收藏或保存的时间。以"年月日"表示,格式为 YYYYMMDD。

4.43 保存材料类型

保存的无患子种质材料的类型。

1　植株

2　种子

3　营养器官(穗条、根穗等)

4　花粉

5　培养物(组培材料)

6 其他

4.44 保存方式

无患子种质资源保存的方式。

1 原地保存

2 异地保存

3 设施(低温库)保存

4.45 实物状态

无患子种质资源实物的状态。

1 良好

2 中等

3 较差

4 缺失

4.46 共享方式

无患子种质资源实物的共享的具体方式。

1 公益性

2 公益借用

3 合作研究

4 知识产权交易

5 资源纯交易

6 资源租赁

7 资源交换

8 收藏地共享

9 行政许可

10 不共享

4.47 获取途径

获取无患子种质资源实物的途径。

1 邮递

2 现场获取

3 网上订购

4 其他

4.48 联系方式

获取无患子种质资源实物的联系方式,包括联系人、单位、邮编、电话、电子信箱等。

4.49 源数据主键

链接无患子种质资源特性数据的主键值。

4.50 关联项目及编号

无患子种质资源收集、选育或整合的依托项目及编号。

5 形态学特征和生物学特性

5.1 树姿

取代表性植株 3 株以上,每株测量 3 个基部主枝中心轴线与主干的夹角,依据夹角的平均值确定树姿类型。

1　直立(夹角<40°)
2　半张开(40°≤夹角<60°)
3　张开(60°≤夹角<80°)
4　下垂(夹角≥80°)

5.2 冠形

用 5.1 的样本,确定冠形类型。

1　圆形
2　半圆形
3　椭圆形
4　扁圆形
5　不规则形

5.3 树势

在秋梢停止生长期,观察植株的生长势、叶幕层和新梢生长情况,确定树势类型。

1　弱
2　中
3　强

5.4 主干颜色

用 5.1 的样本,观察种质主干树皮颜色。

1　灰白色
2　灰色
3　灰褐色
4　青褐色
5　黄褐色
6　褐色
7　其他

5.5 主干表皮特征

用5.1的样本,观察种质主干表皮光滑度、开裂特征。

1 平坦
2 粗糙
3 鳞片状开裂

5.6 新梢萌发期

观察全树新梢的萌发情况,以约50%以上枝梢顶芽生长至约2 cm时的日期为新梢萌发期,以"月日"表示。

5.7 幼枝颜色

选择树冠外围发育充实的幼梢10条,观察幼梢中部向阳面表皮颜色。

1 绿色
2 黄绿色
3 黄色
4 黄褐色
5 其他

5.8 幼枝被毛

用5.7的样本,观察幼枝被毛情况。

1 无或极少
2 少
3 中等
4 多

5.9 1年生秋梢通直性

在秋梢老熟期,选择树冠外围发育充实的一年生秋梢10条,观察秋梢通直性。

1 直
2 稍弯曲
3 近"之"字形弯曲

5.10 1年生秋梢颜色

用5.9的样本,观察秋梢中部向阳面表皮颜色。

1 灰白色
2 褐色
3 青褐色
4 灰褐色
5 黑褐色

  6 黄色

  7 黄绿色

  8 黄褐色

5.11　1年生秋梢皮孔密度

用5.9的样本，观察秋梢皮孔分布。

  1 疏

  2 中

  3 密

5.12　1年生秋梢长度

用5.9的样本，测量秋梢基部至顶端的长度，计算其平均值。单位为cm，精确到0.1 cm。

5.13　1年生秋梢粗度

用5.9的样本，测量距离秋梢基部3 cm处枝条的粗度计，计算其平均值。单位为cm，精确到0.1 cm。

5.14　1年生秋梢节间长度

用5.9的样本，计算长度大于0.5 cm的节数，测量对应总长度，计算平均节间长度。单位为cm，精确到0.1 cm。

5.15　复叶类型

用5.9的样本，取秋梢中部复叶10片，确定复叶的类型。

  1 偶数羽状复叶

  2 奇数羽状复叶

5.16　小叶排列方式

用5.15的样本，观察秋梢中部复叶10片，确定小叶排列方式。

  1 互生

  2 近对生

  3 对生

5.17　小叶对数

用5.16的样本，观察记录每片复叶中小叶的对数，计算其平均值。单位为对，精确到0.1对。

5.18　复叶主轴长度

用5.16的样本，测量中部正常复叶主轴基部至先端的长度，计算其平均值。单位为cm，精确到0.1 cm。

5.19　复叶叶柄颜色

用5.16的样本，观察复叶叶柄颜色。

1　绿色

2　红绿色

3　绿褐色

4　红褐色

5　黄绿色

6　黄色

7　其他

5.20　复叶叶柄长度

用5.16的样本，测量复叶主轴基部至第一片小叶之间的长度，计算其平均值。单位为cm，精确到0.1 cm。

5.21　叶面颜色

用5.16的样本，选择复叶叶轴先端向下第2、3对成熟叶片的叶面，观察叶面颜色。

1　浅绿色

2　绿色

3　深绿色

4　黄绿色

5　黄色

6　其他

5.22　叶面被毛

用5.21的样本，观察叶面被毛情况。

1　无或极少

2　少

3　中等

4　多

5.23　叶背颜色

用5.21的样本，观察叶片的叶背颜色。

1　浅绿色

2　绿色

3　深绿色

4　黄绿色

5　黄色

6　其他

5.24　叶背被毛

用5.21的样本，观察叶背被毛情况。

1 无或极少
2 少
3 中等
4 多

5.25 小叶形状

用 5.21 的样本，确定小叶形状。

1 披针形
2 卵状披针形
3 卵圆形
4 椭圆形
5 矩圆形

5.26 叶尖形状

用 5.21 的样本，确定叶尖形状。

1 钝
2 钝头渐尖
3 渐尖
4 急尖

5.27 叶基形状

用 5.21 的样本，确定叶基形状。

1 圆钝形
2 阔楔形
3 楔形
4 偏斜

5.28 叶缘形状

用 5.21 的样本，确定小叶叶缘形状。

1 平
2 浅波状
3 波状
4 上卷

5.29 叶脉

用 5.21 的样本，观测小叶背面的叶脉明显程度。

1 不明显
2 明显

5.30 主脉颜色

用 5.21 的样本，观察叶片的主脉颜色。

1 绿色

2 红绿色

3 绿褐色

4 红褐色

5 黄绿色

6 黄色

7 其他

5.31 小叶长度

用5.21的样本,测量小叶基部到叶尖的长度,计算其平均值。单位为cm,精确到0.1 cm。

5.32 小叶宽度

用5.21的样本,测量小叶最宽处的宽度,计算其平均值。单位为cm,精确到0.1 cm。

5.33 小叶叶柄长度

用5.21的样本,测量小叶叶柄长度,计算其平均值。单位为cm,精确到0.1 cm。

5.34 花序分化期

观察记录全树10%花序原基出现的日期,以"月日"表示。

5.35 初花期

观察全树初花情况,以约5%花朵开放的日期为初花期,以"月日"表示。

5.36 盛花期

观察全树盛花情况,以25%~75%花朵开放的日期为盛花期。以"月日"表示。

5.37 末花期

观察全树末花情况,以约75%花朵已开放的日期为末花期。以"月日"表示。

5.38 花序主轴颜色

在初花期,选取树冠外围不同部位发育正常的花序10个,观察记载花序主轴的表皮颜色。

1 绿色

2 浅绿色

3 黄绿色

4 红褐色

5 紫褐色

6 其他

5.39 花序支轴致密度

用5.38的样本，观察花序一级支轴间的疏密程度。

1 稀疏

2 中等

3 致密

5.40 花序长度

用5.38的样本，测量花序基部至先端的长度，计算其平均值。单位为cm，精确到0.1 cm。

5.41 花序宽度

用5.38的样本，测量花序最大处宽度，计算其平均值。单位为cm，精确到0.1 cm。

5.42 花开放次序

用5.38的样本，确定雄花和两性花开放的顺序。

1 雄花先开

2 雌花先开

3 雌雄同开

5.43 花性比例

选择不同部位有代表性的花序10个挂牌，分别统计每花序上雄花、雌花、两性花和变态花的数量。计算雌花、两性花与雄花的占比，计算其平均值，以%表示。

5.44 花瓣数

在盛花期，选取当天开放的花10朵，观察记录每朵花花瓣数，计算其平均值。单位为个，精确到0.1个。

5.45 花瓣颜色

用5.44的样本，观察花瓣颜色。

1 黄白色

2 浅黄色

3 黄色

4 其他

5.46 花瓣形状

用5.44的样本，观察花瓣形状。

1 披针形

2 椭圆形

3 卵形

4 其他

5.47 雄花雄蕊数

在盛花期，选取当天开放的雄花10朵，观察记录每朵雄花雄蕊数，计算其平均值。单位为个，精确到0.1个。

5.48 果实成熟期

指全树有50%~80%果实大小已长定而逐步出现应有的色泽等成熟特征的时期，以"月日"表示。

5.49 果序姿态

在果实成熟期，选取树冠外围不同部位发育正常的果序10个，观察记载果序的姿态。

1 直立

2 斜展

3 下垂

5.50 果序致密度

用5.49的样本，观察果序支轴间结实的疏密程度。

1 稀疏

2 中等

3 致密

5.51 果序长度

用5.49的样本，测量果序基部至先端的长度，计算其平均值。单位为cm，精确到0.1 cm。

5.52 果序宽度

用5.49的样本，测量果序主轴垂直方向的最大宽度，计算其平均值。单位为cm，精确到0.1 cm。

5.53 果序重

用5.49的样本，称量每个果序的质量，计算其平均值。单位为g，精确到0.1 g。

5.54 果序果数

用5.49的样本，计数每个果序的果粒数，计算其平均值。单位为个，精确到0.1个。

5.55 坐果率

选择不同部位有代表性的花序10个挂牌，记录每花序雌花总数。果实成熟期，调查每果序坐果数，计算坐果数占雌花总数的百分率。以%表示，精确到 0.1%。

5.56 果实整齐度

用 5.49 的样本，观察果实的大小及形状的一致性，确定果实的整齐度。

　　1　差(果实的大小和形状差异明显)

　　2　中(果实的大小和形状较整齐)

　　3　好(果实的大小和形状整齐)

5.57 发育分果爿比例

用 5.49 的样本，调查具有 2 个及以上分果爿发育的果数，计算其占全部果数的百分率。以%表示，精确到 0.1%。

5.58 果实形状

在果实的成熟期，随机选取 10 个果实，确定果实形状。

　　1　扁圆形

　　2　近圆形

　　3　卵圆形

　　4　近椭圆形

5.59 果脐形状

用 5.58 的样本，观察果脐的形状。

　　1　近圆形

　　2　椭圆形

　　3　卵形

5.60 果皮颜色

用 5.58 的样本，观察果皮颜色。

　　1　黄绿色

　　2　黄色

　　3　金黄色

　　4　黄褐色

　　5　褐色

　　6　其他

5.61 果皮透明度

用 5.58 的样本，观测果实的果肉透明度。

　　1　不透明

　　2　微透明

5.62 流汁情况

用 5.58 的样本，观察果皮表面是否有汁液溢出的情况，1~3 处汁液溢出为轻度流汁，3 处以上为重度流汁。

  1 无
  2 轻度流汁
  3 重度流汁

5.63 单果重

用 5.58 的样本，称其质量，计算平均单果重。单位为 g，精确到 0.1 g。

5.64 果实纵径

用 5.58 的样本，测量果实果顶至果基间的最大距离，计算其平均值。单位为 mm，精确到 0.1 mm。

5.65 果实横径

用 5.58 的样本，测量果实最大横切面的最大直径，计算其平均值。单位为 mm，精确到 0.1 mm。

5.66 果实侧径

用 5.58 的样本，测量果实最大横切面垂直方向的最大直径，计算其平均值。单位为 mm，精确到 0.1 mm。

5.67 果皮厚度

用 5.58 的样本，沿果脐中部纵切，测量果实纵切面中赤道面的果肉厚度，计算其平均值。单位为 mm，精确到 0.1 mm。

5.68 种子形状

用 5.58 的样本，取出种子，确定种子形状。

  1 扁圆形
  2 近圆形
  3 卵圆形
  4 近椭圆形

5.69 种皮颜色

用 5.68 的样本，观察种子表皮颜色。

  1 红褐色
  2 黄褐色
  3 浅褐色
  4 深褐色
  5 紫黑色
  6 漆黑色

5.70 种皮光滑度

用 5.68 的样本，观察种子表面光滑程度。

1 皱

2 光滑

5.71 种子发育程度

用5.68的样本，观察种子的发育程度。

1 不饱满

2 饱满

5.72 种脐被毛

用5.68的样本，观察种脐被毛情况。

1 无或极少

2 少

3 中等

4 多

5.73 种子重

用5.68的样本，称取种子质量。单位为g，精确到0.1 g。

5.74 种子纵径

用5.68的样本，测量种子顶部到脐部的最大距离。单位为mm，精确到0.1 mm。

5.75 种子横径

用5.68的样本，测量种子最大横切面的最大直径。单位为mm，精确到0.1 mm。

5.76 种子侧径

用5.68的样本，测量种子最大横切面垂直方向的最大直径。单位为mm，精确到0.1 mm。

5.77 种子出仁率

用5.68的样本，无患子种仁质量占单粒种子质量的百分比。以%表示，精确到0.1%。

6 品质特性

6.1 果皮皂苷含量

采收成熟的无患子果实50个，充分洗净，将果皮用电热恒温鼓风干燥箱烘干至恒重，用微型粉碎机将果皮粉碎成末状，重新放入80℃的电热恒温鼓风干燥箱中保持干燥。称取0.3 g左右果皮粉末，分装入20 mL带密封塞的试管中，使用甲醇定容至15 mL，立即盖上试管塞，浸泡20 h后，用漏斗过滤，滤液进行 HPLC 检测。以 0.4 mg/mL 常春藤皂苷元甲醇溶液为对照，采用高效液相色谱分析法测定无患子皂苷含量，色谱条件：色谱柱 Symmetry^{TM}C$_{18}$（3.9 mm×150 mm）；柱温 40℃；流动相 CH$_3$CN：H$_2$O（H$_2$O：20%～90%，30 min）；流速 1 mL/min；检测波长 210 nm。重复 3 次，以%表示，精确到 0.1%。

6.2 种仁含油率

采收成熟的无患子果实 50 个，充分洗净，将种仁用微型粉碎机磨碎，在 80℃的电热鼓风干燥箱中烘干至恒质量。用电子天平称取 10 g 左右的种仁粉末（记作 m），立即装入折好的滤纸中，塞上棉花，用棉线捆好，放入索式提取仪中。将 250 mL 的磨口烧瓶称质量（记作 m1），向其中加入 200 mL 的正己烷，于 95℃水浴锅加热萃取 10 h 后，将烧瓶中的萃取液移入旋转蒸发仪上，控制温度 50℃，缓慢将溶剂蒸发，待溶剂快蒸发完时加热至 100℃，并保持 20 min 以利于溶剂正己烷完全蒸发，擦干烧瓶称质量（记作 m2），则种仁含油率=（m2-m1）/m×100%。重复 3 次，以%表示，精确到 0.1%。

6.3 种仁油酸含量

参考 GB 5009.168—2016 方法进行脂肪酸及其各组分含量测定。具体步骤：量取 6.2 所得油脂先进行甲酯化处理，之后再利用气相色谱—质谱联用仪（GC-MS）对油脂进行脂肪酸成分及含量的测定分析。采用峰面积归一化法得出种仁油酸的相对含量。重复 3 次，以%表示，精确到 0.1%。

6.4 种仁顺-11-二十碳烯酸含量

参考 GB 5009.168—2016 方法进行脂肪酸及其各组分含量测定。具体步骤：量取 6.2 所得油脂先进行甲酯化处理，之后再利用气相色谱—质谱联用仪（GC-MS）对油脂进行脂肪酸成分及含量的测定分析。采用峰面积归一化法得出种仁顺-11-二十碳烯酸的相对含量。重复 3 次，以%表示，精确到 0.1%。

6.5 种仁二十碳烯酸含量

参考 GB 5009.168—2016 方法进行脂肪酸及其各组分含量测定。具体步骤：量取 6.2 所得油脂先进行甲酯化处理，之后再利用气相色谱—质谱联用仪（GC-MS）对油脂进行脂肪酸成分及含量的测定分析。采用峰面积归一化法得出种仁二十碳烯酸的相对含量。重复 3 次，以%表示，精确到 0.1%。

6.6 种仁亚油酸含量

参考 GB 5009.168—2016 方法进行脂肪酸及其各组分含量测定。具体步骤：量取 6.2 所得油脂先进行甲酯化处理，之后再利用气相色谱—质谱联用仪（GC-MS）对油脂进行脂肪酸成分及含量的测定分析。采用峰面积归一化法得出种仁亚油酸的相对含量。重复 3 次，以%表示，精确到 0.1%。

6.7 种仁花生酸含量

参考 GB 5009.168—2016 方法进行脂肪酸及其各组分含量测定。具体步骤：量取 6.2 所得油脂先进行甲酯化处理，之后再利用气相色谱-质谱联用仪（GC-MS）对油脂进行脂肪酸成分及含量的测定分析。采用峰面积归一化法得出种仁花生酸的相对含量。重复 3 次，以%表示，精确到 0.1%。

6.8 种仁棕榈酸含量

参考 GB 5009.168—2016 方法进行脂肪酸及其各组分含量测定。具体步骤：量取 6.2 所得油脂先进行甲酯化处理，之后再利用气相色谱—质谱联用仪（GC-MS）对油脂进行脂肪酸成分及含量的测定分析。采用峰面积归一化法得出种仁棕榈酸的相对含量。重复 3 次，以%表示，精确到 0.1%。

6.9 种仁 α-亚麻酸含量

参考 GB 5009.168-2016 方法进行脂肪酸及其各组分含量测定。具体步骤：量取 6.2 所得油脂先进行甲酯化处理，之后再利用气相色谱-质谱联用仪（GC-MS）对油脂进行脂肪酸成分及含量的测定分析。采用峰面积归一化法得出种仁 α-亚麻酸的相对含量。重复 3 次，以%表示，精确到 0.1%。

6.10 种仁亚麻酸含量

参考 GB 5009.168—2016 方法进行脂肪酸及其各组分含量测定。具体步骤：量取 6.2 所得油脂先进行甲酯化处理，之后再利用气相色谱—质谱联用仪（GC-MS）对油脂进行脂肪酸成分及含量的测定分析。采用峰面积归一化法得出种仁亚麻酸的相对含量。重复 3 次，以%表示，精确到 0.1%。

6.11 种仁硬脂酸含量

参考 GB 5009.168—2016 方法进行脂肪酸及其各组分含量测定。具体步骤：量取 6.2 所得油脂先进行甲酯化处理，之后再利用气相色谱—质谱联用仪（GC-MS）对油脂进行脂肪酸成分及含量的测定分析。采用峰面积归一化法得出种仁硬脂酸的相对含量。重复 3 次，以%表示，精确到 0.1%。

6.12 种仁二十二酸含量

参考 GB 5009.168—2016 方法进行脂肪酸及其各组分含量测定。具体步骤：量取 6.2 所得油脂先进行甲酯化处理，之后再利用气相色谱—质谱联用仪（GC-MS）对油脂进行脂肪酸成分及含量的测定分析。采用峰面积归一化法得出种仁二十二酸的相对含量。重复 3 次，以%表示，精确到 0.1%。

6.13 种仁 13-二十二碳烯酸含量

参考 GB 5009.168—2016 方法进行脂肪酸及其各组分含量测定。具体步骤：量取 6.2 所得油脂先进行甲酯化处理，之后再利用气相色谱—质谱联用仪（GC-MS）对油脂进行脂肪酸成分及含量的测定分析。采用峰面积归一化法得出种仁 13-二十二碳烯酸的相对含量。重复 3 次，以%表示，精确到 0.1%。

6.14 种仁棕榈烯酸含量

参考 GB 5009.168—2016 方法进行脂肪酸及其各组分含量测定。具体步骤：量取 6.2 所得油脂先进行甲酯化处理，之后再利用气相色谱—质谱联用仪（GC-MS）对油脂进行脂肪酸成分及含量的测定分析。采用峰面积归一化法得出种仁棕榈烯酸的相对含量。重复 3 次，以%表示，精确到 0.1%。

7 抗逆性

7.1 耐寒性

采用人工冷冻的方法，评价无患子种质抵御或忍耐严寒胁迫的能力。在休眠期，从无患子成龄结果树上剪取 1 年生结果母枝 30 条，剪口蜡封后置于 -25℃ 冰箱中处理 24 h，然后取出，将枝条横切，对切口进行受害程度调查，记录枝条的受害级别。根据受害级别计算无患子的受害指数，再根据受害指数大小评价无患子的抗寒能力。抗寒级别根据冻害症状分为 6 级。

  0 级：枝条无冻害症状
  1 级：枝条木质部褐变率<30%
  2 级：30%≤枝条木质部褐变率<50%
  3 级：50%≤枝条木质部褐变率<70%
  4 级：70%≤枝条木质部褐变率<90%
  5 级：枝条死亡率≥95%

根据冻害指数的数学模型推导无患子种质资源的冻害指数，以冻害指数及其相应标准，确定无患子种质资源遭受冻害的程度及其抵御和忍耐严寒胁迫的能力。

$$CI = \sum \frac{(x \cdot n)}{X \cdot N} \times 100$$

式中：CI—冻害指数
   x—冻害级数
   n—各级受冻枝数
   X—最高冻害级数
   N—总枝条数
  1 强（冻害指数<35）
  3 中（35≤冻害指数<65）
  5 弱（冻害指数≥65）

7.2 耐旱性

采用人工断水的方法，评价无患子种质抵御或忍耐干旱胁迫的能力。随机选择不同类型种质 50 份，栽植于容器中，分别配置耐旱性强、中、弱三个等级的品系作为对照。当苗高生长量达到 30 cm 时，人为切断水分的供给，在耐旱性强的对照品种出现中午萎蔫、早晚舒展现象之时，恢复正常的水分管理，调查受害程度，并根据种质的旱害症状划分成 6 个等级。

  0 级：无旱害症状

  1 级：小叶萎蔫率<25%

  2 级：25%≤小叶萎蔫率<50%

  3 级：50%≤小叶萎蔫率<75%

  4 级：小叶萎蔫率≥75%，部分叶片脱落

  5 级：叶片全部脱落

根据旱害指数的数学模型推导无患子种质的旱害指数，以旱害指数及其相应标准，确定无患子种质的受害程度及其抵御和忍耐干旱胁迫的能力。

$$CI = \sum \frac{(x \cdot n)}{X \cdot N} \times 100$$

式中：CI—旱害指数

   x—旱害级数

   n—各级受旱株数

   X—最高旱害级数

   N—总株数

  1 强（旱害指数<25）

  3 中（25≤旱害指数<60）

  5 弱（旱害指数≥60）

7.3 耐盐碱性

采用田间测定的方法，评价无患子种质抵御或忍耐盐碱胁迫的能力。将成熟的无患子种子或生长正常的苗木，培育在人工配制的"全地下式"盐碱池内，调查整个生长期内苗木的生长状况和受害程度，并根据遭受盐碱危害的症状划分成 6 个等级。

  0 级：无盐碱危害症状

  1 级：生长正常，小叶褐斑率或卷曲率<10%

  2 级：生长较弱，10%≤小叶褐斑率或卷曲率<30%

  3 级：生长受抑制，30%≤小叶褐斑率或卷曲率<70%

  4 级：生长基本停止，70%≤小叶褐斑率或卷曲率<85%

5级：生长停止，小叶褐斑率或卷曲率≥85%

根据盐碱害指数的数学模型推导盐碱害指数，并以盐碱害指数及其相应标准，确定无患子种质遭受盐碱害程度及其抵御或忍耐盐碱胁迫的能力。

$$CI = \sum \frac{(x \cdot n)}{X \cdot N} \times 100$$

式中：CI—盐碱害指数

x—盐碱害级数

n—各级受盐碱害株数

X—最高盐碱害级数

N—总株数

1　强（盐碱害指数<10）

3　中（10%≤盐碱害指数<30）

5　弱（盐碱害指数≥70）

8　抗病虫性

8.1　煤污病抗性

煤污病症状是在叶片、枝梢上形成黑色的小霉斑，之后扩大连片，严重影响光合作用，降低植株经济价值，甚至死亡。采用田间调查的方法，评价无患子种质对煤污病危害的抗性。在无患子自然分布区或人工栽培区内，随机选取个体种质 30 份，按不同方位分别选取 30 片小叶，调查叶片的感病情况。运用统一的数学模型，统计整个群体的发病率，并依据病害症状将病情划分成 6 个等级。

0级：无病害症状

1级：小叶出现黑色小霉斑，受害叶面积<5%

2级：小叶上霉斑扩大连片，5%≤受害叶面积<15%

3级：小叶布满黑色霉层，15%≤受害叶面积<25%

4级：小叶和嫩梢布满黑色霉层，25%≤受害叶面积<50%

5级：黑色霉层扩大，受害叶面积≥50%

按煤污病的病情指数数学模型统计病情指数，并根据病情指数及其相应标准，确定无患子种质抵抗或忍耐煤污病危害的能力。

$$DI = \sum \frac{(x \cdot n)}{X \cdot N} \times 100$$

式中：DI—病情指数

x—病害级数

n—染病小叶数

X—最高病害级数

N—调查小叶总数

1　高抗(HR)(病情指数<7)

3　抗(R)(7≤病情指数<9)

5　中抗(MR)(9≤病情指数<12)

7　感(S)(病情指数≥12)

8.2　天牛抗性

采用田间调查法，评价无患子种质对天牛的抗性。每种质随机取样3~5株，按不同方位分别选取30个复叶，调查复叶的虫害情况，并记载立地条件、栽培管理措施等。根据症状病情分为5个等级。

0级：无虫害症状

1级：复叶有微量被天牛啃食的痕迹，叶色正常

2级：复叶有少量被天牛啃食的痕迹，叶色小面积失绿

3级：复叶有大量被天牛啃食的痕迹，叶色大面积失绿

4级：复叶干枯并脱落

按数学模型统计病情指数，并根据病情指数及其相应标准，确定无患子种质抵抗天牛危害的能力。

$$DI = \sum \frac{(x \cdot n)}{X \cdot N} \times 100$$

式中：DI—病情指数

x—病害级数

n—虫害复叶数

X—最高虫害级数

N—调查复叶总数

1　高抗(HR)(病情指数<5)

3　抗(R)(5≤病情指数<15)

5　中抗(MR)(15≤病情指数<25)

7　感(S)(病情指数≥25)

8.3　蚜虫抗性

采用田间调查法，评价无患子种质对蚜虫的抗性。每种质随机取样3~5株，按不同方位分别选取30个叶片，调查叶片的虫害情况，并记载立地条件、栽培管理措施等。根据症状病情分为6个等级。

0级：无虫害症状

1级：叶片浅绿色至微黄绿色

2级：叶片聚集少量蚜虫吸食汁液

3级：叶片出现小面积失绿

4级：叶片聚集大量蚜虫吸食汁液，大面积失绿

5级：叶片干枯并脱落。

按数学模型统计病情指数，并根据病情指数及其相应标准，确定无患子种质抵抗天牛危害的能力。

$$DI = \sum \frac{(x \cdot n)}{X \cdot N} \times 100$$

式中：DI—病情指数

x—虫害级数

n—虫害叶片数

X—最高虫害级数

N—调查叶片总数

1　高抗(HR)(病情指数<5)

3　抗(R)(5≤病情指数<15)

5　中抗(MR)(15≤病情指数<25)

7　感(S)(病情指数≥25)

9　其他信息

9.1　指纹图谱与分子标记

对进行过指纹图谱分析或重要性状分子标记的无患子种质，记录指纹图谱或分子标记的方法，并注明所用引物、特征带的分子大小或序列以及所标记的性状和连锁距离。

9.2　备注

对无患子种质特殊描述符号或特殊代码的具体说明。

六 无患子种质资源数据采集表

1 基本信息				
资源流水号(1)		资源编号(2)		
种质名称(3)		种质外文名(4)		
科中文名(5)		科拉丁名(6)		
属中文名(7)		属拉丁名(8)		
种名或亚种名(9)		种拉丁名(10)		
原产地(11)		原产省份(12)		原产国家(13)
来源地(14)				
归类编码(15)				
资源类型(16)	1：野生资源(群体、种源)　2：野生资源(家系)　3：野生资源(个体、基因型)　4：地方品种　5：选育品种　6：遗传材料　7：其他			
主要特性(17)	1：高产　2：优质　3：抗病　4：抗虫　5：抗逆　6：高效　7：其他			
主要用途(18)	1：材用　2：食用　3：药用　4：防护　5：观赏　6：其他			
气候带(19)	1：热带　2：亚热带　3：暖温带　4：温带　5：寒温带　6：寒带			
生长习性(20)		开花结实特性(21)		
特征特性(22)				
具体用途(23)		观测地点(24)		
繁殖方式(25)				
选育(采集)单位(26)		选育年份(27)		
海拔(28)	m	经度(29)		纬度(30)
土壤类型(31)		生态环境(32)		
年均温度(33)		年均降水量(34)	mm	

(续)

2 其他描述信息			
图像(35)		记录地址(36)	

3 保存单位信息			
保存单位(37)		单位编号(38)	
库编号(39)		引种号(40)	
采集号(41)		保存时间(42)	
保存材料类型(43)	1：植株 2：种子 3：种茎 4：营养器官(穗条、块根、根穗、根鞭等) 5：花粉 6：培养物(组培材料) 7：其他		
保存方式(44)	1：原地保存 2：异地保存 3：设施(低温库)保存		
实物状态(45)	1：良好 2：中等 3：较差 4：缺失		

4 共享信息			
共享方式(46)	1：公益性 2：公益借用 3：合作研究 4：知识产权交易 5：资源纯交易 6：资源租赁 7：资源交换 8：收藏地共享 9：行政许可 10：不共享		
获取途径(47)	1：邮递 2：现场获取 3：网上订购 4：其他		
联系方式(48)			
源数据主键(49)		关联项目及编号(50)	

5 生物学特性			
树姿(51)	1：直立 2：半张开 3：张开 4：下垂	冠形(52)	1：圆形 2：半圆形 3：椭圆形 4：扁圆形 5：不规则形
树势(53)	1：弱 2：中 3：强		
主干颜色(54)	1：灰白色 2：灰色 3：灰褐色 4：青褐色 5：黄褐色 6：褐色 7：其他		
主干表皮特征(55)	1：平坦 2：粗糙 3：鳞片状开裂		
新梢萌发期(56)	月 日	幼枝颜色(57)	1：绿色 2：黄绿色 3：黄色 4：黄褐色 5：其他
幼枝被毛(58)	1：无或极少 2：少 3：中等 4：多		
1年生秋梢通直性(59)	1：直 2：稍弯曲 3：近"之"字形弯曲		
1年生秋梢颜色(60)	1：灰白色 2：褐色 3：青褐色 4：灰褐色 5：黑褐色 6：黄色 7：黄绿色 8：黄褐色		
1年生秋梢皮孔密度(61)	1：疏 2：中 3：密	1年生秋梢长度(62)	cm
1年生秋梢粗度(63)	cm	1年生秋梢节间长度(64)	cm
复叶类型(65)		1：偶数羽状复叶 2：奇数羽状复叶	

(续)

小叶排列方式(66)		1：互生　2：近对生　3：对生	
小叶对数(67)	对	复叶主轴长度(68)	cm
复叶叶柄颜色(69)	1：绿色　2：红绿色　3：绿褐色　4：红褐色　5：黄绿色　6：黄色　7：其他		
复叶叶柄长度(70)	cm	叶面颜色(71)	1：浅绿色　2：绿色　3：深绿色　4：黄绿色　5：黄色　6：其他
叶面被毛(72)	1：无或极少　2：少　3：中等　4：多	叶背颜色(73)	1：浅绿色　2：绿色　3：深绿色　4：黄绿色　5：黄色　6：其他
叶背被毛(74)	1：无或极少　2：少　3：中等　4：多	小叶形状(75)	1：披针形　2：卵状披针形　3：卵圆形　4：椭圆形　5：矩圆形
叶尖形状(76)	1：钝　2：钝头渐尖　3：渐尖　4：急尖	叶基形状(77)	1：圆钝形　2：阔楔形　3：楔形　4：偏斜
叶缘形状(78)	1：平　2：浅波状　3：波状　4：上卷	叶脉(79)	1：不明显　2：明显
主脉颜色(80)	1：绿色　2：红绿色　3：绿褐色　4：红褐色　5：黄绿色　6：黄色　7：其他		
小叶长度(81)	cm	小叶宽度(82)	cm
小叶叶柄长度(83)	cm	花序分化期(84)	月　日
初花期(85)	月　日	盛花期(86)	月　日
末花期(87)	月　日	花序主轴颜色(88)	1：绿色　2：浅绿色　3：黄绿色　4：红褐色　5：紫褐色　6：其他
花序支轴致密度(89)	1：稀疏　2：中等　3：致密	花序长度(90)	cm
花序宽度(91)	cm	花开放次序(92)	1：雄花先开　2：雌花先开　3：雌雄同开
花性比例(93)	%	花瓣数(94)	个
花瓣颜色(95)	1：黄白色　2：浅黄色　3：黄色	花瓣形状(96)	1：披针形　2：椭圆形　3：卵形
雄花雄蕊数(97)	个	果实成熟期(98)	月　日
果序姿态(99)	1：直立　2：斜展　3：下垂	果序致密度(100)	1：稀疏　2：中等　3：致密
果序长度(101)	cm	果序宽度(102)	cm
果序重(103)	g	果序果数(104)	个
坐果率(105)	个	果实整齐度(106)	1：差　2：中　3：好

(续)

发育分果爿比例(107)	%	果实形状(108)	1：扁圆形　2：近圆形　3：卵圆形　4：近椭圆形
果脐形状(109)	1：近圆形　2：椭圆形　3：卵形	果皮颜色(110)	1：黄绿色　2：黄色　3：金黄色　4：黄褐色　5：褐色　6：其他
果皮透明度(111)	1：不透明　2：微透明	流汁情况(112)	1：无　2：轻度流汁　3：重度流汁
单果重(113)	g	果实纵径(114)	mm
果实横径(115)	mm	果实侧径(116)	mm
果皮厚度(117)	mm	种子形状(118)	1：扁圆形　2：近圆形　3：卵圆形　4：近椭圆形
种皮颜色(119)	1：红褐色　2：黄褐色　3：浅褐色　4：深褐色　5：紫黑色　6：漆黑色		
种皮光滑度(120)	1：皱　2：光滑	种子发育程度(121)	1：不饱满　2：饱满
种脐被毛(122)	1：无或极少　2：少　3：中等　4：多		
种子重(123)	g	种子纵径(124)	mm
种子横径(125)	mm	种子侧径(126)	mm
种子出仁率(127)	1：低　2：中　3：高		
6　品质特性			
果皮皂苷含量(128)	%	种仁含油率(129)	%
种仁油酸含量(130)	%	种仁顺-11-二十碳烯酸含量(131)	%
种仁二十碳烯酸含量(132)	%	种仁亚油酸含量(133)	%
种仁花生酸含量(134)	%	种仁棕榈酸含量(135)	%
种仁α-亚麻酸含量(136)	%	种仁亚麻酸含量(137)	%
种仁硬脂酸含量(138)	%	种仁二十二酸含量(139)	%
种仁13-二十二碳烯酸含量(140)	%	种仁棕榈烯酸含量(141)	%
7　抗逆性			
耐寒性(142)	1：强　3：中　5：弱	耐旱性(143)	1：强　3：中　5：弱
耐盐碱性(144)	1：强　3：中　5：弱		
8　抗病虫性			
煤污病抗性(145)	1：高抗　3：抗　5：中抗　7：感		

（续）

天牛抗性(146)	1：高抗　3：抗　5：中抗　7：感	
蚜虫抗性(147)	1：高抗　3：抗　5：中抗　7：感	
9　其他信息		
指纹图谱与分子标记(148)		备注(149)	

无患子种质资源调查登记表

调查人		调查时间			
采集资源类型	□野生资源（群体、种源） □野生资源（家系） □野生资源（个体、基因型） □地方品种 □选育品种 □遗传材料 □其他				
采集号		照片号			
地点					
北纬	° ′ ″	东经	° ′ ″		
海拔	m	坡度	°	坡向	
土壤类型					
树姿	□直立 □半张开 □张开 □下垂				
冠形	□圆形 □半圆形 □椭圆形 □扁圆形 □不规则形				
树势	□弱 □中 □强				
主干颜色	□灰白色 □灰色 □灰褐色 □青褐色 □黄褐色 □褐色 □其他				
1年生秋梢颜色	□灰白色 □褐色 □青褐色 □灰褐色 □黑褐色 □黄色 □黄绿色 □黄褐色				
1年生秋梢通直性	□直 □稍弯曲 □近"之"字形弯曲				
叶面颜色	□浅绿色 □绿色 □深绿色 □黄绿色 □黄色 □其他				
花瓣颜色	□黄白色 □浅黄色 □黄色 □其他				
果序姿态	□直立 □斜展 □下垂				
果序致密度	□稀疏 □中等 □致密				
果皮颜色	□黄绿色 □黄色 □金黄色 □黄褐色 □褐色 □其他				
流汁情况	□无 □轻度流汁 □重度流汁				
树龄	年	树高	m	胸径/基径	cm
冠幅（东西×南北）	m²				

（续）

调查人		调查时间	
其他描述			
权属		管理单位/个人	

填表人：　　　　　　　审核：　　　　　　　日期：

无患子种质资源利用情况登记表

种质名称					
提供单位		提供日期		提供数量	
提供种质类型	□野生资源(群体、种源) □野生资源(家系) □野生资源(个体、基因型) □地方品种 □选育品种 □遗传材料 □其他				
提供种质形态	□植株(苗) □果实 □种子 □根 □茎(插条) □叶 □芽 □花(粉) □细胞 □组织 □DNA □其他				
资源编号			单位编号		

提供种子的优异性及利用价值：

利用单位		利用时间	
利用目的			

利用途径：

取得实际利用效果：

种质利用单位： 种质利用者：
　　（盖章） 　　（签名）
　　　　　　　　　　　　　　　　年　　月　　日

参考文献

刁松峰，2014. 无患子花果性状多样性及果实发育规律研究［D］. 北京：中国林业科学研究院.

刁松锋，姜景民，伊焕，等，2016. 浙江低山地区多用途植物无患子的开花物候特征［J］. 生态学报，36(19)：6226-6234.

高媛，贾黎明，高世轮，等，2016. 无患子树体合理光环境及高光效调控［J］. 林业科学，52(11)：29-38.

高媛，贾黎明，苏淑钗，等，2015. 无患子物候及开花结果特性［J］. 东北林业大学学报，43(6)：34-40.

黄素梅，王敬文，杜孟浩，等，2009. 无患子籽油脂肪酸成分分析［J］. 中国油脂，34(12)：74-76.

邵文豪，刁松锋，董汝湘，等，2013. 无患子种实形态及经济性状的地理变异［J］. 林业科学研究，26(5)：603-608.

邵文豪，刁松锋，董汝湘，等，2014. 无患子果实发育动态及内含物含量变化［J］. 林业科学研究，27(5)：697-697.

邵文豪，姜景民，董汝湘，等，2012. 不同产地无患子果皮皂苷含量的地理变异研究［J］. 植物研究，32(5)：627-631.

邵文豪，岳华峰，徐永勤，等，2015. 不同立地类型对无患子生长及主要经济性状的影响［J］. 河南农业大学学报，49(6)：783-786.

张赟齐，刘晨，刘阳，等，2020. 叶幕微域环境对无患子果实产量和品质的影响［J］. 南京林业大学学报(自然科学版)，44(5)：189-198.

Fang Jingyun, Wang Zhiheng, Tang Zhiyao, 2011. Atlas of Woody Plants in China［M］. Beijing: Higher Education Press.

Li Yongxiang, Shao Wenhao, Jiang Jingmin, 2022. Predicting the Potential Global Distribution of Sapindus mukorossi under Climate Change Based on MaxEnt Modelling［J］. Environmental Science and Pollution Research, 29(15)：21751-21768.